經營顧問叢書 ㊈⑧⑨

企業識別系統 CIS 〈增訂二版〉

洪華偉　編著

憲業企管顧問有限公司　　發行

《企業識別系統CIS》增訂二版

序　言

　　CIS 企業識別系統的英文全稱是「Corporate Identity System」，又稱為企業形象設計系統；意即，將企業的理念與特質予以視覺化、規格化及系統化，運用視覺設計，以塑造具體的企業形象與發揮組織體制上的管理。

　　它源於 60 年代的美國企業，是為了強化市場行銷、統整企業形貌而採取標準化、系統化的視覺設計規範，以達成社會大眾認知識別的目的。

　　企業形象好，一切順勢而為；形象不佳，經營有如逆水行舟，倍感辛苦，建立 CIS（企業識別系統），正是塑造良好企業形象最具體而有效的方法。

　　在這個競爭導向的時代，有了 CIS，企業可以將公司的理念、精神及特質經由本身具體的行為和態度，透過整體的視覺設計，將它表現於可見的、具體的，藉由視覺設計組織化、系統化、同一化的傳達特性，來塑造企業的形象，提升知名度，使消費者由認同企業到支援企業的產品。

本書是作者在大專院校教授 CIS 課程之書籍，並在企管顧問公司任職 CIS 顧問 10 多年之經驗，整理而出版，上市後受到企業之喜愛購買為工具書，此次 2012 年 7 月增訂二版，增加了實務案例執行方法……

　　本書實用性高，是企業要建立、推動企業識別系統 CIS 的實務參考用書。

2012 年 7 月增訂二版

《企業識別系統CIS》 增訂二版
目　錄

第一章　企業識別系統(CIS)的功能 / 7

1、CIS 的定義 ································· 7

2、塑造良好企業形象的意義 ··················· 17

3、CIS 對企業的功能 ······················· 26

4、對 CIS 的兩種誤解 ······················ 33

5、CIS 的三大支柱 ························· 35

6、CIS 發展的歷史階段 ····················· 37

第二章　企業識別系統(CIS)的導入 / 46

1、企業導入 CIS 的最佳時機 ················· 46

2、成立 CIS 策劃委員會 ···················· 55

3、CIS 委員會的工作職責 ··················· 63

4、CIS 的設計開發方式 ····················· 65

5、視覺識別系統的運作流程 ·················· 68

6、導入 CIS 的流程 ······················· 75

7、CIS 導入的注意事項 ····················· 82

第三章　企業識別系統(CIS)的調查 / 85

1、CIS 調查的程序 ·································· 85

2、撰寫 CIS 調查報告書 ······················ 98

3、CIS 總概念的內容規劃 ···················· 100

4、CIS 的戰略策劃 ···························· 104

第四章　企業理念識別系統(MI) / 108

1、CIS 設計的內容要素 ······················ 108

2、企業理念識別規劃 ·························· 115

3、著名的企業經營理念案例 ·················· 127

4、理念識別是企業形象系統的核心 ············ 130

5、理念識別系統的設計範疇 ·················· 132

6、理念識別系統的企業內部作業 ·············· 137

第五章　企業行為識別系統(BI) / 139

1、企業行為識別系統的內涵 ·················· 139

2、企業對內的行為識別系統規劃 ·············· 141

3、企業對外的行為識別系統規劃 ·············· 143

4、企業員工行為識別系統的工作重點 ·········· 147

5、松下公司的服務行為規範 ·················· 150

第六章　企業視覺識別系統(VI) / 153

1、視覺識別系統的要素 ······················ 153

2、視覺識別系統的工作重點 ---------------------------------- 159

第七章　企業識別系統(CIS)的具體化 / 165

1、企業標誌的原則 --- 165

2、企業標誌的表現形式 -- 166

3、企業標誌的設計構成形式 -- 171

4、企業標誌的精確繪製 -- 178

5、企業戰略與標準字的關係 -- 182

6、企業標準字的設計原則 -- 191

7、企業造型 --- 197

8、企業標準色的規劃 -- 202

9、企業視覺識別的編排模式 -- 206

10、企業視覺識別的設計實施 --------------------------------------- 212

第八章　企業識別系統(CIS)的落實執行 / 223

1、CIS 設計手冊 -- 223

2、CIS 的對外發表會 -- 229

3、CIS 的對內發表會 -- 234

4、CIS 新聞廣告的對外展開 --------------------------------------- 239

5、CIS 視覺項目系統 --- 241

6、企業文化活動策劃 -- 245

7、企業識別系統的公關策劃 -- 248

8、自我革新的方向 --- 254

9、企業形象戰略的控制⋯⋯⋯⋯⋯⋯⋯⋯⋯⋯⋯⋯⋯258

10、CIS 的策劃提綱⋯⋯⋯⋯⋯⋯⋯⋯⋯⋯⋯⋯⋯⋯260

第九章　企業識別系統(CIS)的執行案例 / 266

案例一：順應世界潮流的美津濃 CIS⋯⋯⋯⋯⋯⋯266

案例二：提升公司士氣的伊勢丹百貨 CIS⋯⋯⋯273

案例三：要統一企業形象的美樂達 CIS⋯⋯⋯⋯279

案例四：重塑企業經營理念的華歌爾 CIS⋯⋯⋯286

案例五：創新視覺形象的星電器 CIS⋯⋯⋯⋯⋯293

案例六：以商標滲透國外市場的共立公司 CIS⋯⋯⋯299

第 一 章

企業識別系統（CIS）的功能

1 CIS 的定義

一、CIS 的定義

　　近年來，由於企業的產品、服務與競爭企業缺乏顯著的差異，而國際經營路線競爭愈趨激烈，建立企業印象個性化的外貌，與維護良好的企業形象，成為企業經營的重要課題。因此，洞燭先機的企業紛紛展開高度的印象戰略。有的從企業廣告著手，有的從公共關係著手，有的從員工教育著手，有的從 CIS 著手……等，寄望透過不同管道以塑造理想的企業形象。其中，尤以 CIS 的開發導入最為令人重視，將企業印象戰略由觀念論的抽象理念，落實為具體可見的傳達符號，明確地表現企業經營戰略的取向。其機能有如企業

的制服一般，各具特色又易於識別。

CIS 是 Corporate Identity System 的縮寫，一般將其譯為企業識別系統或機構識別系統。這一術語最初是由美國的著名設計大師雷蒙特‧羅維（Raymond Loeway，1889～1986）等人在 20 世紀 30 年代提出的。

圖 1-1-1　羅維設計的可口可樂瓶

CIS 從強調公司獨特之處的標誌、標識字體、招牌、服裝、車輛等方面來看，往往被人們認為只是平面設計的問題，但是，CIS 還可以從企業性質、一貫作風、經營或工作中看到其獨特之處。

那麼，CIS 究竟是什麼呢？半個世紀以來，國內外許多實施 CIS 的企業、專家學者對 CIS 的解釋或者定義豐富多樣，主要包括：

⑴CIS 是一種改善企業形象，有效提升企業形象的經營技法。

⑵CIS 是一種明確認識理念與企業文化的活動。

⑶CIS 是標識字和商標作為溝通企業理念與企業文化的工具。

⑷CIS 是重新檢討公司的運動。

⑸CIS 是整合企業本身的性質與特色的資訊傳播。

⑹CIS 是將企業經營理念與精神文化，運用整體傳達系統特別是視覺傳達設計，傳達給企業週圍的關係者或團體（包括企業內部與社會公眾），並掌握使其對企業產生一致的認同感與價值觀。

⑺以協助 MAZDA、松屋百貨、小岩井乳業、KENOOD 等企業導

入CIS而聞名的日本CIS專業設計公司——PAOS的中西元男先生在根據該公司研究成果編著的 DECOMAS（Design Coordination as a Management Strategy：經營策略的設計統合）時給CIS作了如下定義：「意圖地、計劃地、戰略地展現出企業所希望的形象；就本身來說，通過公司內外來產生最佳的經營環境。這種觀念和手法就叫做CIS。

　　CIS的根基確實在於企業自身形象的設計與開發上。所以日本的CIS專家加藤邦宏說：「CIS就是對企業整體進行設計工作，以企業整體的活動作為設計對象，使企業本身、個性的表現合乎時代潮流。」從這種立場出發，加藤邦宏認為：「為了形成企業的形象而以設計開發為中心的活動，才是所謂的CIS。」

　　任何一個企業存在於社會上都是分為實體存在與印象存在的，而CIS的原理恰好能將兩方面的內容都包含在裏面。把企業的視覺形象作為重點來加以考慮確實不能忽視，但是CIS的實質在於企業形象與實體如何進行最有效的整合，並在社會舞台上充分表演的問題，決不能理解為CIS僅僅單純的局限於視覺傳達上。

　　CIS確立的基本目的是使本企業形成與其他企業相區別的實體印象，明確的主張自我是CIS最基本的法則。20世紀90年代開始，企業從多角經營的做法開始轉向較為專門的市場細分經營軌道上來，CIS便成了企業謀求鞏固市場佔有率時所依賴的重要手段之一。因而，日本CIS研究專家山田理英認為：隨著時代轉變，CIS的定義也被賦予了新的內涵，與當初的原始構想產生了極大的差異。最初CIS是 Corporate Identity System 的簡稱，但新的定義是，把原來屬於CIS目的「Corporated Image（企業形象）的

形成」轉變為 CIS 的真正內涵,仍然簡稱為 CIS。

　　CIS 無論怎樣發展與變革,它始終圍繞著一個核心理念在運動,那就是一定要為企業解決問題。更明確地說,就是解決企業與社會、企業與自然的關係問題。CIS 所使用的工具就是塑造企業形象,CIS 解決問題的方式就是不斷變革,創造新的企業形象以改善和推進企業與社會、自然的關係狀況,並以此推動社會發展,維護企業、社會、自然的動態平衡。

　　綜上所述,可以將 CIS 定義為:CIS 是將特定企業(或其他機構)的經營理念及其個性特徵,通過獨特而統一的視覺識別和行為規範系統進行整合傳達,使其員工形成與企業相一致的價值觀,並使社會公眾產生認同感,從而建立鮮明的形象,提高市場競爭能力,創造最佳經營環境的一種戰略。CIS 規劃(Corporate Identity Programme)則是指為達到上述目標一定時期或階段實施的具體方案。

心得欄 ------------------------------

二、CIS 的構成要素

企業識別系統的構成因素，基本上是由下列三者所構成：

⑴理念識別（Mind Identity，簡稱 MI）

⑵行為識別（Behaviour Identity，簡稱 BI）

⑶視覺識別（Visual Identity，簡稱 VI）。

　　三者的相互推衍，帶動企業經營的腳步，塑造企業獨特的形象。三者的關係如圖 1-1-2 所示。

圖 1-1-2　CIS 的構成要素關係

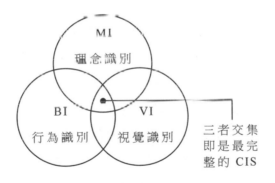

　　企業經營理念方針的完善與堅定，是為企業識別系統基本的精神所在，也是整個企業識別系統運作的原動力。經由這股內蘊的動力，影響企業內部的動態、活力與制度、組織的管理與教育，並擴及對社會公益活動、消費者參與行為的規劃；最後，經由組織化、系統化、統一性的視覺識別計劃傳達企業經營的訊息，塑造企業獨特的形象，達到企業識別的目標。

有關企業識別系統構成三要素的結構層次，見圖 1-1-3。

圖 1-1-3　企業識別系統構成要素的結構層次

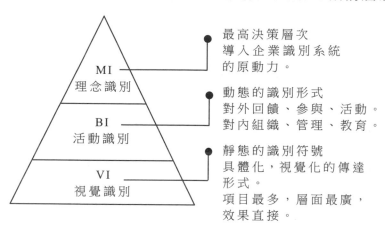

MI
理念識別

BI
活動識別

VI
視覺識別

● 最高決策層次
導入企業識別系統
的原動力。

● 動態的識別形式
對外回饋、參與、活動。
對內組織、管理、教育。

● 靜態的識別符號
具體化，視覺化的傳達
形式。
項目最多，層面最廣，
效果直接。

　　由企業識別系統組織圖（見圖 1-1-4）可以看出，企業理念識別
（MI）方是 CIS 實施的癥結，能否開發完整的企業識別系統，全賴
企業經營理念的建立與執著。經由此一體系擴及動態的企業活動，
與靜態的視覺傳達設計來創造獨特性的企業形象。經營理念與企業
精神，屬於文化的意識層面。而對於內部人事、組織、制度的教育
與管理，以及對社會大眾的公益性活動與回饋性行為均屬動態活
動。MI 是抽象思考的精神理念，難以具體顯現其中的內涵，表達個
中精神特質。BI 是行為活動的動態形式，偏重其中的過程，而鮮有
視覺形象化的具體結果以資辨別。

　　所以，企業識別系統中以視覺識別（VI）計劃的傳播力量與感
染力量最為具體而直接，能將企業識別的基本精神——差異性，充
分地表達出來，並且可讓消費者一目了然地掌握其中傳達的情報訊
息，輕易地達成識別、認知的目的。

圖 1-1-4　企業識別系統組織圖

	理念識別 MI
	1.經營信條
	2.精神標語
	3.座右銘
	4.企業性格
	5.經營策略
	……

	對內	對外
行為識別 BI（非視覺化）	1. 幹部教育	1. 市場調查
	2. 員工教育：服務態度、電話禮貌、應接技巧	2. 產品開發
		3. 公共關係
		4. 促銷活動
	3. 生產福利	5. 流通對策
	4. 工作環境	6. 代理商、金融業、股市對策
	5. 內部營繕	
	6. 生產設備	7. 公益性、文化性活動
	7. 廢棄物處理、公害對策	……
	8. 研究發展	
	……	

	基本要素	應用要素
視覺識別 VI（視覺化）	1. 企業名稱	1. 事務用品
	2. 企業、品牌標誌	2. 辦公器具、設備
	3. 企業、品牌標準字體	3. 招牌、旗幟、標幟牌
	4. 企業專用印刷字體	4. 建築外觀、櫥窗
	5. 企業標準色	5. 衣著制服
	6. 企業造型、象徵圖案	6. 交通工具
	7. 企業宣傳標語、口號	7. 產品
		8. 包裝用品
	8. 市場行銷報告書	9. 廣告、傳播
	……	10. 展示、陳列規劃
		……

設計系統構造圖如下：

圖 1-1-5　SMCR 傳播模式（一）

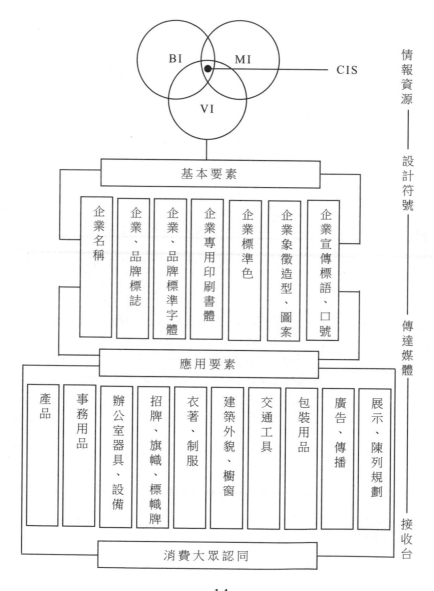

圖 1-1-5　SMCR 傳播模式（二）

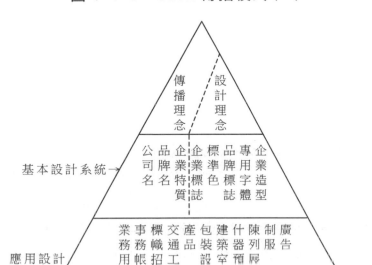

另外，企業識別系統的強弱與否，可由 BI 與 VI 出現的頻率與強度來決定，但是，主要的決定性因素還是屬於 VI。因為視覺傳達設計的具體符號，本身所含有的意義不需經過理解，即可直接進入個人感觀，創造企業印象。

而企業經營的內容、產品的特性以至企業的精神文化，必須透過整體傳達系統，尤其是具有強烈衝擊力的視覺符號，才能夠將具體可見的外觀形象與內蘊特質的抽象理念融彙成一體，從傳達企業情報訊息展開，引發注意→產生興趣→萌發慾望→強迫記憶→採取行動，通過這一串連反應達成促銷的目的。

根據心理學的理論，人類日常接收外界刺激所獲得的「訊息」，

經由視覺器官所獲得者約佔所有知覺器官（聽覺、味覺、嗅覺、觸覺及視覺）70%以上；更重要的是，經由視覺器官所彙集的訊息，在人類記憶庫中具有較高的回憶值。因此，配合蓬勃發展的視覺傳播媒體，開發透過視覺符號的設計系統以傳達企業精神與經營理念，是為建立企業知名度與塑造企業形象的最有效方法。

　　企業識別設計系統的構造，根據經營的理念、傳播的意志、設計的創見等動因，設定基本的設計要素作為整體傳播與設計表現的基礎，隨著營業內容、產品特性，並配合媒體的不同，展開各式各樣的應用設計要素。

　　綜上所述，企業識別系統的開發是以視覺化的設計要素為整體計劃中心。意即塑造企業形象最為快速、便捷的方式，便是在「企業傳播系統」（Corporate Communication System）的 SMCR 模式（Source→Media→Code→Receiver）中，建立一套完整、獨特的符號（Coding）系統，以供社會大眾識別、認同。

心得欄 _____
_____
_____
_____
_____

2 塑造良好企業形象的意義

　　CIS 的目的是確立企業識別，增強企業形象的競爭力。企業形象是企業競爭力三要素之一，企業形象是無形的企業資產，企業形象還是企業潛在的銷售業績。塑造良好的企業形象既是市場競爭的需要，也是企業發展的需要，更是創造名牌的需要。

一、企業形象是企業競爭力的要素之一

　　每個企業必然都有競爭對象的存在，若想在與同業的競爭中取勝，其必要的條件都有那些呢？也許有人會說：「關鍵在於技術人才。」有人認為：「資金的多少是決定因素。」這些認識都是片面的，企業的競爭力應當是由三種因素構成的，即商品力、銷售力和形象力。

　　任何企業都要涉及到商品的銷售，當然「商品」一詞未必指實體物品，例如服務業和以貨幣作為「商品」的行業。企業是以提高商品（產品或服務）的品質為使命，那麼商品的好壞必然對企業有很大的影響。也就是說，商品的競爭力能夠決定企業的形象。倘若一個企業不注意商品的品質，不想改進商品的缺點，不願開發新產品，這種企業的前途是可想而知的。

商品的品質優良，其企業競爭力必然很高嗎？未必。因為還涉及推銷力等問題。當今時代，在商品與消費者之間，如果缺少推銷員與銷售網的推動，即使某個商品再好，其銷售量也很難提高。

所謂「附加價值」並不是商品本身所具有的性質，而是商品到了顧客手中後才附帶產生的。例如銷售者對顧客提供週到的服務，而顧客基於對商品本身的信心及喜愛，不但願意花錢買下它，並對提供商品的這家企業產生滿意的心理，這就是附加價值的泉源。產生附加價值的基本力量是「商品＋推銷」，所以，當企業的推銷力不足時，必須立即加強，否則再好的商品也未必能得到令人滿意的利潤。

那麼，只要商品力和推銷力優於其他企業，就必然能穩操勝券嗎？未必。因為企業競爭力還包含著另一項要素——形象力。

兩家同行業的企業，其商品力、銷售力實力相當，在市場上必然競爭得非常激烈。假如其中一個企業的知名度較高，大眾對這家企業的好感及信賴程度都高於另一家企業，那麼形象良好的企業必然具有優越的競爭力。一方面，由於大眾對該企業有好感，自然樂於購買其商品，另一方面，當受到競爭對手的攻擊時，「形象」又可以成為一道防護牆，博得大眾的信賴。所以，良好的企業形象等於為推銷工作奠定了穩固的基礎。

商品的推銷並不是一種突發而獨立的現象，而是遵循著 AIDMA 法則（Attention 引起注意，Interest 引發興趣，Desire 喚起慾望，Memory 留下記憶，Action 購買行動）或 ATRN 法則（Awareness 知名，Trail 嘗試，Reinforcement 強化，Nudging 推動）——消費者從在廣告媒體上認識商品到產生購買行動是循序而進的一連串

過程。

　　企業為了在市場上展示各自的地位，競爭也就越來越趨於白熱化。企業在面對這種趨勢時，唯有依靠強而有力的非價格競爭，通過建立獨特的經營理念並形成信譽、商譽等「形象力」的作用，才能脫穎而出。

　　然而，許多企業經營者往往只注重商品力、銷售力，而常常忽略企業形象的影響力，並沒有把企業形象當作經營的指標。既然沒有把企業形象當作企業的主要活動成果之一，當然也就不會以處理企業資產的態度來看待。現在我們應該以冷靜而科學的眼光重新研究企業形象的問題，並進一步調整舊觀念。企業全體員工都應努力不懈地塑造良好形象，這個觀點的正確性是誰也不會懷疑的。

二、企業形象是企業的無形資產

　　企業形象的範圍很廣，譬如，某企業得到了良好的評價，但評價內容則按看法的不同而有差異，如「那個公司的建築很美」和「那個公司的生產效率很高」，就表現了不同的評價觀點。

　　贏得大眾的好感和信賴、建立良好的形象，不論對企業或個人都能收到承認和緩和效果。博得大眾好感的人，一般能較順利地開展工作，即使與別人做同樣的事，也容易得到較高的評價。相反，一個形象不好的人或企業，不管做什麼事都容易令人懷疑。而每個人都難免有犯錯誤和失敗的時候，一個形象良好的人常能得到他人的原諒，以得到緩和效果。

　　由於企業形象的內容繁多，不能一概而論，所以在塑造企業形

象前必須作一番調查、整理，再制定出對自己企業有利的規劃。無論任何企業，如果想給人留下深刻印象，必須付出相應的投資。企業的推銷人員、建築物、產品、包裝及宣傳廣告等企業有關的一切，都必須讓外界瞭解，這是一種讓社會大眾熟悉商品的投資。認知度高的企業往往擁有高投資額，反之，認知度低者常是投資額少的企業。至於企業形象的認知度，可以利用情報的品質和數量的相乘效果，而得到清楚的說明。

美國著名的《商業週刊》雜誌在 2004 年 8 月 2 日刊載了其評選出的全球最具影響力的 100 個品牌，可口可樂榮居榜首，微軟、IBM 次之。名列第一的可口可樂品牌價值為 673.9 億美元，相當於該公司年營業額的 3 倍；微軟的品牌價值 613.7 億億美元，比其年營業額大約高了近一倍；IBM 的品牌價值 537.9 億美元，幾乎是其年營業額的一半。這個排行榜還體現出品牌價值上升最快的是蘋果，著名的網路品牌雅虎和亞馬遜也保持了良好的長勢，韓國三星電子的品牌價值同樣提升很快，緊隨其後的是滙豐銀行。

上述企業的品牌影響力及其價值，與其為塑造型象而花費的努力和投資具有很大的關係。有人曾說，如果可口可樂公司的所有工廠在一夜之間全被燒毀，第二天就會有銀行來貸款援建。這並非只是一句玩笑話，因為大火即使燒掉了廠房設備，也燒不掉可口可樂多年來形成的牢固企業形象，這一切當然應歸功於該公司為塑造型象而付出的努力和投資。可以說，企業形象是一種無形的企業資產。

三、企業形象是潛在的銷售業績

　　一般來說，消費者在產生購買行為前對商品或企業必然形成好感、信賴等基本形象，因為消費者不會購買不熟知的商品。然而消費者在產生好感和信賴之前必須先瞭解商品或企業的存在，所以認知是首先考慮的問題。知名度是展開推銷活動的開始，許多事例表明，企業形象的普及程度和銷售業績息息相關。所以說，企業形象也是潛在的銷售業績。

　　消費者的需求大致可以分為「量的滿足時代」、「質的滿足時代」和「感性滿足的時代。」這三個階段的演變是與社會經濟的發展密切相關的，從「量」到「質」再到「感性」，實際上是反映了從「溫飽型」到「富裕型」再進入「享受型」的變化。前些年只要商品物美價廉，即使不作任何宣傳也會暢銷。現在對一般商品來說物美價廉已是理所當然的，現代社會的商品樣式越來越豐富，數量也越來越多，因而銷售活動更重要，更不易做得好。消費市場進入「感性消費」時代，消費者購買商品是為了滿足一種情感上的渴求和需要，「我喜歡的就是最好的。」消費者有時可能由於某種錯覺而導致「放著好的不買，而買並不一定好的商品」，這也是人之常情。大多數人都是依據某個人外表穿著來做評價的，對於不熟悉的人，就常以外觀來判斷。

　　例如，啤酒的標籤，強烈地影響了商品印象。消費者是透過包裝設計來看商品的。日本的麒麟啤酒銷路好也是外觀印象的關係，以至一度曾擔心自然市場佔有率再上升的話，就要觸犯「獨佔禁止

法」，而被迫解散重組。因而麒麟啤酒一度努力不讓市場佔有率再提高。但是，雖然縮小了銷售活動，也幾乎不再做促銷活動，還是由於品牌印象過於強烈，銷路有增無減，仍然招至煩惱。像這樣只靠企業印象差異而導致壓倒其他商品的例子，在其他行業中尚未發現過。

圖 1-2-1 麒麟啤酒公司視覺識別

在第二次世界大戰前，麒麟啤酒公司比別的公司要小。朝日和札幌兩個公司是由一個公司解散重建的，但這兩個分割後重建的公司還要比麒麟大。

很多人都認為無法勝過麒麟的品牌，其實這不過是企業印象作祟而已。在《麒麟麥酒株式會社概要》裏記載著：「每一公司的主要產品都是淡色，在酒槽裏發酵的啤酒，在酒精濃度和麥精成分方面都沒有顯著的差異，可是由於企業名稱的不同，卻帶來了很大的銷

售差別。麒麟啤酒具有麒麟獨特的風味，而與現代大眾的嗜好完全一致。」文章很巧妙地暗示其質量的優秀。就食品角度來說，「風味」也屬於質量的一種。

然而在三鬼陽之助的《麥酒戰爭》一書中有一段很耐人尋味的故事。在啤酒原產地的德國釀造研究所做的分析表中記載著下列有趣的事實：「1960 年 10 月 7 日送去德國慕尼克釀造研究所的啤酒（包括本公司的啤酒 6 種，其他公司的 20 種啤酒），經過質量分析以及閉目試飲測驗的結果，所得的報告結論如下：朝日麥酒公司所有工廠的啤酒在味道上是很卓越的，不過，吾妻橋工廠的產品，由於使用新鮮酵母製造，故帶有一些酵母劑的味道，其他各廠啤酒的味道都很純正。

日本消費者協會發行的《消費者》刊物在 1966 年 9 月號所舉辦的味覺試驗的投票結果，也對二家公司生產的啤酒進行了比較：札幌——28 票，朝日——20 票，麒麟——16 票。這次是札幌啤酒居首位，麒麟啤酒得票依然是最低。這個結論與慕尼克研究所的分析結果兩相比較，就顯得問題更加值得研究了。

從這一事例可以發現，認為質量不好而影響銷路的問題是片面的，應當從企業競爭力的三個因素商品力、銷售力和形象力去綜合思考，才能創造出良好的經營業績。

四、CIS 的基本特點

貝克（R‧H‧Beck）博士在著作《企業識別的運用指南》（A Management Guide to Corporate Identity）中指出了企業、資訊傳達與藝術三者之間的關係。而視覺統一性（CIS）則位於企業、資訊傳達和藝術的重疊處。

圖 1-2-2　企業、資訊、傳達、藝術的關係

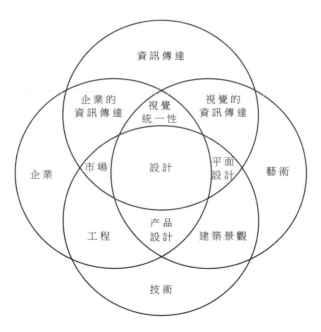

企業部份包括工程（Engineering）、產品設計，市場、企業相關的資訊傳達及一般的設計、CIS 問題。資訊傳達的部份包含企業相關的資訊傳達、視覺資訊傳達、視覺統一性、設計問題等。藝術

領域則包括視覺資訊傳達、視覺統一性、平面設計（Graphics）、建築景觀（Graft Architecture）、產品設計及一般設計問題等。可見，視覺統一性（或CIS）就是企業統一資訊傳達及藝術的關鍵，也可以看到CIS的「視覺面」。

1. 競爭性

CIS的首要功能是便於廣大公眾的識別，而識別的前提和基礎是企業展示與眾不同的獨特個性。在當今激烈競爭的市場經濟條件下，企業只有創造出自己的獨特個性，在眾多的競爭對手中標新立異，才有存在的價值和生命力。而缺乏創新性和競爭性的企業形象必然在市場中處於劣勢。

2. 系統性

個優秀的企業形象絕不僅僅是依靠形式上的包裝形成的，而是在企業的哲學、文化、美學、倫理學、行為科學等綜合理念的共同作用下形成的企業識別系統。它既具有外部的可視性，能為人們所感知和認識，同時又具有內在的不可見的觀念形態。缺乏系統性的CIS活動必然是一種支離破碎的零散活動，不可能形成企業的優良形象。只有把企業理念融入企業行為和視覺識別之中，才能真正達到CIS活動的效果。

3. 客觀性

通過導入CIS對企業形象進行塑造，並不是脫離企業現實的憑空臆造，而是從企業的實際出發，在認真建立好企業形象調查的基礎上，構建或重塑企業的理念及形象。這種形象的構築或重塑，也決非僅僅是表面層次上的改良，CIS規劃的根本著眼點在於改善企業的整體素質。企業既要確定高水準的CIS規劃，又必須踏踏實實

地推進各方面的工作，兩者都是不可偏廢的。

　　4.戰略性

　　為了適應企業長期發展戰略的需要，CIS 活動必須從整個社會和公眾的根本利益出發，通過扎扎實實的長期工作，不斷改進與調整企業形象。要把企業形象的塑造活動同企業長遠利益結合起來，堅決杜絕只顧企業眼前利益而損害公眾利益的短期行為，以獲得廣大公眾的理解和支持。

3 CIS 對企業的功能

一、CIS 對企業內部的功能

1. 有利於企業內部管理和增強凝聚力

　　一家多種經營的企業面對與日俱增的產品，在各種應用設計上，需要製作一套良好的運作方便的管理系統。以塑造企業形象為目的的 CIS 規劃，可以使這一切都走上規範化、系統化的軌道，從而簡化了管理系統的作業流程，有利於內部管理。

　　CIS 的最大作用，便是強調企業目標和企業成員工作目標的一致性，強調群體成員的信念、價值觀念的共同性，強調企業對成員的吸引力和成員對企業的向心力。因此它對企業成員有巨大的凝聚力和內控力。

　　1966 年，義大利最大的電力公司——愛迪生（Edison）公司和義大利化學人造纖維權威公司——曼特卡吉尼（Montectini）公司合併，成為義大利最大的企業組織——曼特迪生（Montedison）公司，以後又陸續併購了上百家企業，成為一個巨大的企業集團。經營範圍涉及化學製品、藥品、纖維、礦業、冶金、不動產、建築、銀行、超市、證券及食品等數十種行業。

　　曼特迪生公司雖然規模龐大，但卻在不長的時期裏陷入了困境：企業內部經售權嚴重紛爭；公司員工士氣低落，缺乏安全感，人才大量外流；離心力的過於強力和向心力的削弱已經難以協調。面對這種紛亂，義大利政府終於介入並施加壓力於 1971 年對公司進行了改組。新任董事長上任後毅然決定導入 CIS，委託著名的蘭多公司承擔 CIS 規劃，統一整合企業的價值系統和行為規範，重塑企業形象系統曼特迪生由此獲得新的生機。蘭多公司經過允分的調查分析後，將集團中 145 家企業劃分為四大產業部門：纖維部門、食品流通部門、藥品部門、石油化學部門。這四大部門、17 萬名員工形成以曼特迪生為中心的整體，確立共同的企業目標。

　　蘭多公司為曼特迪生公司設計了新的企業標誌。該標誌圖案中心是白色箭頭圖形，象徵以曼特迪生為中心，用四個彩色箭頭圖形象徵四大產業部門凝聚在一起，整體向同一方向飛翔。該標誌於 1973 年 1 月起在集團胸章、工作服及制服和招牌等視覺識別系統使用，接著在包裝、廣告等項目開始應用。經歷 5 年時間 CIS 得以確立，整個集團面貌煥然一新，員工重振工作熱情，各大產業部門相互支持並發揮協同優勢。

2.有利於激勵士氣並形成良好的工作氣氛

企業形象好，知名度高，企業的職工就有一種優越感和自豪感，容易激發職工積極性，再加上具有良好形象的企業有著包括企業標誌、工作服、辦公用品等一系列完整而統一的視覺識別系統，能給人耳目一新、朝氣蓬勃的感覺，自然能夠激勵職工的士氣，提高工作效率。

3.有利於提高企業技術和產品的競爭力

CIS 通過對產品包裝、廣告等的一致性統一視覺設計，準確地傳達出企業理念，能夠生動地賦予產品各種視覺形象，如高貴的、質樸的、浪漫的、活潑的、強健的、溫柔的等等，從而緊緊抓住目標消費者的心，提高產品在市場上的競爭力。

馳名世界的 Marlbro（萬寶路）香煙，原來是專為女士生產的，它的名字取自 Man always remember lovely because of romantic only（人因為浪漫而忘不了愛）這句話的每個單詞第一個字母的組合。可是由於女性香煙市場極小，並且真正吸煙的女士多數並不吸女士煙，而是與男士一樣吸普通香煙。為了適應市場需求，萬寶路採取了一個嶄新大膽改造萬寶路香煙形象的計劃：推行 CIS 戰略，主要改變色彩、包裝，產品品味保持不變。他們以紅色塊、黑色字為標識色，以西部牛仔硬漢為廣告形象，把一個脂粉氣十足的女性專用煙變成了彰顯男性氣概的香煙。結果，萬寶路很快佔領了國內外市場，成為世界上價值最高的名牌。

4.有利於提高經營業績

一個企業若知名度不高或形象不好時，銷售人員所做的努力勢必事倍功半。一旦公司有了知名度，而且是正面的知名度時，客戶

自然會慕名上門，營業額的提高自然是理所當然的。太陽神在導入
CIS 初期出現的銷售奇蹟，全國刮起搶購旋風，就是典型一例。

5.有利於使企業的基礎得以長期穩固

　　由於實施 CIS 戰略，企業具有良好的形象，社會上有創見、有
前途的企業也會自動尋找合作。不但投資機會增多，失敗風險也會
減少，其結果必然使企業的基礎日趨穩固。何況具有良好形象的企
業可以團結各相關企業，同時加強企業的歸屬感和向心力，從而使
企業更具有實力和應變能力。

6.有利於統一設計製作並可以節省成本

　　為了塑造企業形象，必須統一視覺識別。為此，企業內部的各
相關部門，可遵循統一的設計形式，並應用到各種設計項目上。這
樣一方面可以收到視覺識別的統一效果，同時也可以節省重覆設計
製作的時間和成本，減少浪費。

7.有利於多元化、集團化、國際化經營

　　許多企業逐步朝向多元化、集團化、國際化經營邁進，目的是
使企業各個經營項目之間共同利用某些資源，產生協同效果，增強
企業適應不同市場環境變化的能力，使企業營運更加穩健、安全。
在這種多元化、集團化、國際化的經營中，最關鍵的是要取得集團
各關係企業的協同，使多個企業、多種經營、不同的價值觀、不同
的經營理念、不同的行為規程、不同的視覺識別系統統一起來，發
揮合力。而 CIS 戰略的運用，可以有效地使集團各關係企業互相溝
通與認同，相互協作與支持，使協同效應發揮到最大。

二、CIS 在企業外部環境的功能

1. 有利於提高企業的知名度與美譽度

公眾對於有計劃地實施組織化、系統化、統一化的 CIS 戰略的企業，容易產生組織健全、制度完善的認同感和信任感。這必將有助於企業知名度與美譽度的提高。就許多要求導入 CIS 的企業分析，如太陽神、健力寶、金利來、嘉陵、康佳等等，都是因為這樣的目的而導入 CIS，並且收到了明顯效果。

2. 有利於吸引人才和提高生產能力

企業能否吸引優秀人才，以確保企業管理水準和生產能力的提高，能否避免人才頻繁流動所造成的工作上的損失，這一切都有賴於良好企業形象的建立。CIS 戰略的實施，就顯得更為必要。

3. 有利於募集資金

如果企業形象好，一旦企業需要長、短期資金時，許多社會上的投資機構和金融機構，都會願意參與投資經營。而當企業發展成為國際性大企業時，就更容易吸引國際性的投資機構。由於企業有著良好的形象，股票在證券市場上的價格也勢必上揚，因此，資金的籌集將更為容易。

4. 有利於增強企業防震能力

俗話說：「人無千日好，花無百日紅」。企業也是如此，一旦遭到突發危機，如果企業以往已獲得社會公眾的信任，此時政府、銀行、同行企業、員工等自然都會伸出援助之手共渡難關。形象力有助於企業緩減損失和增強防震能力。

5. 有利於應對產業的挑戰

企業在面臨產業結構調整時，便面臨著產業的挑戰。其中特別是有著悠久歷史的企業產品幾十年不變，往往會使企業活動處於僵化狀態。此時就必須採用積極措施，通過重新塑造新的企業形象，推動企業煥發出新的活力，並通過這種活動孕育出進軍國際市場和面向世界的嶄新形象，以求繼續生存。

6. 有利於市場競爭

低成本和低價格的銷售策略，使得各個競爭企業的產品趨於同質化。因此，企業必須在形象的塑造上充分體現不同於其他企業的個性，以增強顧客對它的親切感與信任感。在市場上，經營戰略和戰術可以說無所不用。市場競爭趨於白熱化，企業間彼此的策略、行動常常因相互模仿而抵銷彼此的競爭力。面對這種趨勢，唯有靠強有力的非價格競爭（如信譽、信用等），才能樹立獨特的經營理念，使企業在競爭中脫穎而出。

7. 有利於提高廣告效果

在資訊社會裏，顧客的消費傾向會受到各種傳播資訊媒體直接或間接的影響。然而，過多的資訊、氾濫的廣告、雜亂的活動，很容易產生傳播上的干擾作用。因此，只有創造有秩序的、獨特的、統一的企業識別系統，才能塑造良好的企業形象，形成良好而正確的資訊傳遞。一個企業如果產品無特色，商標過多，名稱過長又不順口的話，消費者就會對該企業認知發生困難，很難順利通過 AIDMA 的心理過程。

導入 CIS 能幫助企業創造有序性、獨特性和統一性的企業識別系統，將企業發出的資訊進行過濾和統一，使企業資訊規範、標準，

有別於競爭者。例如,把企業的產品、歷史、規模、質量、技術水準、價格、售前售後服務等資訊凝聚成一句話、一個標誌,集中傳遞出去,這樣便有效地簡化和規整了信息量,使公眾迅速、準確地辨認出企業。從這個意義上說,CIS就是將企業理念和行為統一後,為使公眾對企業產生理想的認同而採取的一種傳播系統。

企業傳遞資訊,如果出現的頻率和強度充分,則廣告效果必然會提升。作為塑造企業形象的有用工具——CIS,不僅可以強化傳遞資訊的頻率和強度,更因為可以對廣告策略、廣告策劃、廣告創意進行統一的規劃和精心製作,而使廣告具有倍增的效應。

8. 有利於贏得消費者

生活水準的提高,使消費者的購買行為與習慣也日趨複雜,挑選更加精細,而且對於商品的質量、服務態度的要求也越來越高。同時由於消費者開始從強調「生理」消費轉向「心理」消費,由「理性」消費的滿足轉到「感性」消費的滿足,由重視視覺傳播轉到非視覺要素的服務態度、人員素質方面的要求,因此,企業形象的塑造將必須應付消費者的這種挑戰。具有良好的形象就容易贏得廣大消費者的信賴和好感。

9. 有利於體現企業的社會責任感

隨著各種媒體的報導和消費意識的抬頭,社會大眾對於企業的要求日益增多,企業必須面對這種壓力,重新對企業經營理念加以審視。如何站在社會公眾的立場,承擔社會的責任,服務於消費者,積極致力於社會福利事業,以創造良好形象,便成為企業面臨的重要課題。

總之,企業為了能在市場競爭中獨樹一幟,建立起差異化的面

貌，在眾多的商品中，讓消費者與社會大眾易於識別，就一定要樹立起獨特的企業形象。因為，企業本身的形象決定了消費者購買的慾望，而成為一種企業認知的競爭力。

對 CIS 的兩種誤解

　　重新塑造理想的企業形象，使公司的內部及週邊環境均適合企業的運作，這是 CIS 的目標。然而，一般人對 CIS 的內涵往往認識不清，易產生以下 2 種誤解：

　　其一、認為 CIS 是標誌和色彩的設計問題。因此，有的企業笑稱：「本公司的 CIS 早在 8 年前即已完成。」事實上，這句話的意思是指公司的企業標誌和標準字已經換新，但並不代表 CIS 計劃已被徹底實行了。

　　其二、賦予 CIS 過高的期待及意義，超出了 CIS 本身所涵蓋的理念。這種人會說：「CIS 是企業的活動原理，確立了企業的理念和企業的道德。所以，色彩或設計等都屬於 CIS 的枝葉末節。」有人甚至說：「本公司現在所實行的 CIS，主要是取其精神理念，完全與設計無關。」

　　上述兩種觀念，都犯了極大的錯誤。CIS 涉及企業形象──外界以何種眼光來看待公司，必然具有企業性的課題。因此，為了形成企業的形象而以設計開發為中心的活動，才是所謂「CIS」。

那麼，正式進行設計作業時，應如何著手呢？最重要的是，設計應該合乎企業的活動目的，即事前必須先確認設計的目的和使命。反過來說，如果尚未瞭解企業真正的活動目的及其精神理念，就無法進行設計工作。同時，當設計依原定計劃完成之後，也並不代表大功告成了。因為，負責完成企業活動的人，是公司裏的員工，而非設計本身。為了達成公司的目標—— 即員工所確認的企業目的，他們必須繼續活動。至於活動結果，能否符合當初的目的而改善公司的形象，那就有待進一步的追蹤調查了，這也屬於 CIS 的範圍。

如此，CIS 在流程上便有「設計前」、「設計」、「設計後」的 3 段考慮。如果仔細觀察目前 CIS 的發展情形，很容易發現：雖然 CIS 已經成為當前的熱門話題，廣泛地引起大家的興趣，但它卻未必被實行得很好。更有人指出：「雖然 CIS 是很不錯的觀念，但它需要一大筆經費。」事實上，說這種話的人，對 CIS 的認識只停留在一知半解之間。我們應該先對 CIS 有正確的認識，才能進一步考慮對自己的企業公司來說，什麼才是 CIS？

5 CIS 的三大支柱

　　CIS 是一種問題解決學，但並不代表 CIS 能解決企業的一切問題。

　　CIS 有其特定的技術和領域。如果能計劃性地導入 CIS，的確能解決許多企業方面的問題。然而，CIS 並非無所不包的萬能丹，它只是設計出解決問題的流程及方向，因此在大致規劃完成後，其實際的運作仍有賴持續的努力。而有些問題僅能藉 CIS 的觀念，提供參考意見及解決方針，有的甚至與 CIS 完全無關。

　　那麼，什麼性質的問題適合導入 CIS 呢？這主要依企業的個性和內容而有所不同。不強調 CIS 能解決所有的企業問題，更從未曾主張「CIS 萬能論」—— 以免期待過高，產生的失敗感愈大。也許有人會問：「CIS 所具有的特定技術和領域是什麼？」關於這點，可以換個方式來回答，即構成 CIS 概念的主要支柱有如下三項：

　　⑴企業應確立並明示其主體性。

　　⑵企業為了塑造良好的形象而努力不懈。

　　⑶傳遞企業經營的訊息，應具有視覺上的統一性。

　　也就是說，CIS 由「確立的主體」、「努力塑造良好形象」、「統一視覺表現」三大支柱所構成。這三者相輔相成，塑造企業獨特的作風和形象，並可由此而確立解決企業問題的方針。所以，CIS 的

運作必須將這三大力量發揮至極限。

圖 1-5-1　CIS 的三大支柱

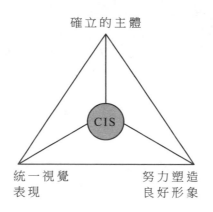

確立的主體

CIS

統一視覺
表現

努力塑造
良好形象

　　再進一步思考這三大支柱間的關係。例如：企業必須確立其主
體性，是屬於特殊情況，還是理所當然？同樣地，企業應努力塑造
良好的形象，以及視覺表現統一性的要求等，究竟應納入特殊情況
還是視為理所當然？

　　若能把這類常識再加以拓展，作深入的探究，便進入企業的 CIS
理念了。事實上，進一步探究的成果往往影響了 CIS 的好壞。

6 CIS 發展的歷史階段

　　CIS 的產生和發展如其他事物一樣有其特定的歷史淵源和條件。CIS 的發生、形成可分為 3 個階段。

　　在 20 世紀 30～50 年代為萌芽期，50～70 年代為成長期，70 年代至今為成熟期。3 個階段相應的時代背景是：二次大戰前的工業革命時期；二次大戰後的世界經濟復蘇時期和 20 世紀 70 年代以來的新產業革命時期。

　　1907 年，現代設計的重要奠基人彼得‧貝倫斯為德國電器工業公司（AEG）設計了企業標誌和企業形象，這是現代企業形象設計系統化的開端。

　　1933 年到 1940 年間，在英國由於工業設計協會會長弗蘭克‧畢克週密的規劃與全力的投入，使倫敦地鐵的規劃實例具備了視覺形象與運輸機能的統一。

　　1947 年，義大利平面設計家平托裏為 Olivetti 設計了新的企業標誌，這是繼 AEG 之後，最完整和具有良好視覺效果的企業形象系統。

　　1955 年，美國 IBM 公司導入 CIS，並由此成為世界電腦業的「藍巨人」，並被許多學者認為是 CIS 理念的正式啟動。

　　1970 年，可口可樂公司導入 CIS，整合、革新了世界各地的可

口可樂標誌，採用了統一化的識別系統，從而在世界範圍內推動了CIS 熱潮。

20 世紀 70 年代，日本馬自達、松屋百貨、伊勢丹等先後導入CIS，形成具有自己特色的 CIS 理論和作業方式。

一、歐美企業對 CIS 的推進

IBM 公司的成功實例，激發出許多美國的先進企業開始導入CIS。初期導入 CIS 的企業有 Mobile（美孚）石油公司、Eastern（東方）航空公司、Westinghouse（西屋）電器公司等。

美國是一個由多民族構成的國家，為此，在語言文字上要取得統一規範的使用，存在著難以被接受的客觀事實。所以以簡練、易懂、優美的視覺記號印象來作為交流與被認同的企業訴求，就成了美國在 20 世紀 60 年代所開始追求的企業風潮。但是 CIS 的導入並不意味著成功的開端，因為企業的理念、精神與企業形象不能貫穿的話，企業經營自然要受到最直接的影響。

1886 年，美國亞特蘭大的藥劑師派伯頓（J‧S‧Pemberton）創造了可口可樂（Coca-Cola）飲料，百年來以其獨特的口味，通過營銷戰略和廣告戰略為主的市場活動，已形成風靡全球的魅力。世界各大企業的招牌、標幟以可口可樂居首位，已在消費大眾的心目中產生十分深刻的印象。然而在 1970 年，該企業領導層卻毅然決定更改標誌，一舉跨越舊有的歷史傳統，創造迎接新時代的形象。可口可樂董事長迪克森（F‧W‧Dickson）曾說：「我不願停留在傳統的過去，而希冀在新鮮的未來。」

圖 1-6-1　可口可樂視覺識別項目

　　1965 年主管營業銷售部門的副總經理哈威（R‧D‧Harvey）和美國總公司副總經理暨品牌主管赫伯特（I‧C‧Herbert）二人在紐約第五街伊莉莎白‧阿登（Elizabeth Arden）美容室討論，希望把可口可樂塑造成青年歌手般的新形象，進而形成了影響世界飲料市場的新計劃——「阿登計劃」（Project Arden）。

　　經過市場調查分析，認為可口可樂原有的識別中，有四個要素是不可缺少的：⑴Coca-Cola 的書寫字體；⑵Coke 的品牌名；⑶紅色的標準色；⑷獨特的瓶形。上述四個基本要素是可口可樂公司

多年來投入鉅資所構築成的寶貴財產，新的設計必須在此基礎上開發。

「阿登計劃」關於塑造可口可樂新形象而設定的目標如下：對消費大眾，不但要使其繼續飲用，更要使其認識到飲用可口可樂的價值感；要使人們認識到飲料市場上可口可樂產品優良，是家喻戶曉的飲料；對於年輕人要有強烈的訴求力；迅速將可口可樂的新形象在消費市場中建立起來。

L&M 公司花費幾個月的時間，從數以百計的方案中審慎地選出「阿登計劃」的核心，——正方形中配置 Coca-Cola 書寫體的標識字和 Coke 瓶形特有的弧線輪廓予以象徵化，形成象飄舞的緞帶一般的優美曲線。

標誌誕生後，隨即進行應用設計要素的組合運用的實驗。直到 1968 年 12 月，終於獲得公司決策者的認可，其間市場調查、設計開發作業與反覆測試修正的時間歷時三年之久。

1969 年 10 月可口可樂全美經銷商、零售代表等共 7000 多人彙集在邁阿密，正式發表了可口可樂新的識別系統，散發以《迎接 70 年代》（Meet The 70's）為題的手冊，詳細說明了可口可樂標誌變更的原因。文中說：「70 年代是轉變的年代，是生活形態、價值觀、個人志向等轉變的時代。更是個 More 的時代。」扉頁上即以 More 為標題，預言 70 年代將是人口激增、收入增多、家庭中心化、閒暇增多、年輕人教育水準提高以至白領階層增多、人口與都市的密集、活動空間的擴大、動盪增多的時代。可口可樂新的 CIS 計劃正是為了適應新的時代精神，率先向前邁進，以領導時代潮流而展開的。

1970 年，可口可樂新的 CIS 正式導入，這一行動震驚了世界各地，現在歐美大部份公司都實施了 CIS。

二、日本企業對 CIS 的推進

20 世紀 60 年代，日本伴隨著現代化工業革命而來的是由於大機器的生產出現了過剩商品，使得銷往國外市場的價格極其低廉。這一現象引起了日本社會各階層的高度關注，並積極探討解決的方法，認為首要的任務是提高自身商品質量和改善服務，與此同樣重要的是改良企業的社會形象和樹立日本高品位商品的形象。這一課題成為當時日本各大企業以及廣告業的中心議題。

日本引進和企業經營者接受 CIS 觀念，大約開始於 1971 年。當時，第一銀行和勸業銀行合併，因而導入了 CIS 規劃，伊藤百貨公司也在這一年開始實施 CIS。結果，第一勸業銀行和伊藤百貨公司都成功地完成了形象的革新，對後來活動的展開創造了相當有利的條件。

1975 年以後，日本許多企業紛紛導入 CIS，其中著名企業有東洋工業 MAZDA、DAIEI 大榮百貨、ISETAN 伊勢丹百貨、MATSUYA 松屋百貨、小岩井乳業、KIRIN 麒麟啤酒、Asics 亞瑟士體育用品公司、三井銀行、白鶴清酒、華歌爾內衣、Minolta 美能達公司，NTT公司等。美國設計顧問公司 Waterland AssoCISates（瓦特蘭多）為日本企業導入 CIS 起了較大作用，Mizuno 美津濃體育用品。Fuji富士軟片、Wacoal 華歌爾內衣、白鶴清酒等現已風行世界的企業形象塑造都是出自其手。當代美國設計大師索爾‧巴斯（Sual Bass）

也為味之素和美能達（Minolta）相機規劃了 CIS。

　　日本著名的 CIS 設計公司——PAOS 在 1968 年成立之後，獨立推進和發展 CIS 觀念，促進了日本企業經營策略與傳播導向的完善。日本最享盛名的三菱綜合研究所，在 1990 年對持有上市股票的 385 個大企業進行了一場《關於對 CIS 理解的調查》，所得到的結果是，已經導入 CIS 的企業佔 43%；在近期內也將導入 CIS 的企業佔 35%；由此可見日本企業的 CIS 觀和導入的熱潮。這個數字與 1970 年代末在美國紐約所進行的 CIS 關聯理解度的調查，所得的結果基本相同。

　　三菱綜合研究所調查的結果顯示出日本和美國的 CIS 觀念相差 10 年的距離。也就是說，10 年前在美國所發生的，90 年代在日本重覆著。那麼我們的產業全面系統地導入 CIS 的熱潮，應該在什麼時候再現呢？當然這還要由 CIS 的依賴者與被依賴者之間的作業以及仲介機構的誘導、促成、批評與推廣理解的綜合力的強弱而論。

　　有人對日本優秀公司經營成功的各因素進行研究分析後，得出的結論是：日本優秀公司的企業文化是導致其經營成功的最根本的秘訣。日本最大的 CIS 設計所蘭德社的川田曾評論道：消費者之所以購買松下或日立電器，並不是因為松下和日立電器在質量、價格等方面存在很大差異，而是因為他們喜歡產品所屬的公司，說明企業形象確實是企業競爭中的利器。企業形象是市場激烈競爭中的標誌，也是企業在市場競爭中的重要財富和資源，CIS 戰略是企業形象競爭中最有效的方法。

　　20 世紀 70 年代初期的一段時間，日本企業也沒有準確把握 CIS 的完整概念，企業經營者對 CIS 的期待實際上也有著相當的差距。

的確，在企業導入 CIS 以後，企業的社會形象與知名度有了提高，但企業內員工的意識改革與企業戰略的變化並沒有同時進行或根本就沒有做的情況很多。

當然，誰也不能保證導入 CIS 就一定能為企業贏來一個新的境界，這就是 CIS 運作的難點。為什麼企業在導入 CIS 以後，並不一定得到明顯的成效？原因就在於企業在謀求依賴 CIS 的手段來改變自身時，只是作了最為表面部份的考慮。換句話說，經營者在對企業導入 CIS 時，只考慮到公司名字的更改、新標誌等的設立而已。這正是 CIS 讓人最易誤解的地方。

CIS 不是一個單純為企業改變形象的工具，它是企業最基本的理念、企業的活動方針、企業的經營戰略的全部綜合的概念，只有從根本上加以改革而別無選擇。

CIS 不是一個不變的概念，其內涵也隨著時代的變革、企業的發展而不斷地創新與變革，也是隨著不同民族文化而更新的。但是，無論怎樣變，其基本精神是始終不變的。日本 CIS 專家加藤邦宏說：對於企業界來說，CIS 是一種問題解決學。這就是 CIS 的基本精神。

可以說，企業把形象（視覺）作為重點來加以考慮的情況較多，但是作為一個整體，企業的實體存在和印象存在應進行最有效的結合，而不是把 CIS 單純地局限在視覺傳達形象上。

三、台灣企業對 CIS 的推進

如果說在 20 世紀，60 年代是歐美的 CIS 潮，70 年代是日本的 CIS 時代，那麼，80 年代則是台灣的 CIS 興旺時期。

　　台灣引進的 CIS 觀念主要源自日本，特別是在 CIS 浪潮形成之初，聘請了許多日本專家參與指導，理論體系也基本隨著日本 CIS 理論而發展。所以，在觀念和作法上，與日本 CIS 有許多相似之處。經過近 10 年的實踐和發展，台灣企業借助日本 CIS 理論推動企業形象革命，基本上創立了一套適合本地區並能與國際慣例相結合的理論體系和行之有效的實踐經驗，從而造就了一大批國際型企業，在世界經濟中發揮了重要作用。

　　台灣最早實施 CIS 戰略的企業是台塑集團。董事長王永慶開明遠識、別具慧眼，採納郭叔雄「多角經營的設計策略」，取得成功，成為台灣企業形象的先驅。

　　台灣食品業最大的企業——味全公司，1968 年因業務擴大，新產品不斷開發，並開始朝國際市場大量銷售，原來的雙鳳標誌的視覺形象已無法顯示味全公司的經營內容與發展，於是聘請來台灣演講的日本設計名家大智浩為設計顧問，進行週詳的市場調查與產品分析，開發味全企業識別計劃。最後提出象徵五味俱全、W 字造型的五圓標誌，發展系列性傳達樣式，統一所有部門、產品的視覺形象，為台灣樹立了 CIS 開發的典範。1980 年，味全公司導入 CIS 計劃 10 年之後，為了順應時代、解決市場壓力和內部需求，重新審查整個計劃實施與執行上的得失，委託日本伊東設計研究所進行修訂。這次修訂結果，僅僅只是將原標識字體線端修改為弧角，增強了食品的圓潤感。

圖 1-6-2 味全公司的視覺識別

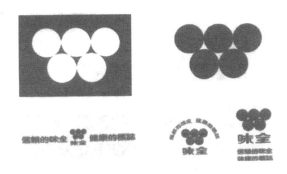

　　聲寶公司在脫離日商廠牌後，自創品牌 SAMPO 聲寶並著手實施 CIS，提出「商標就是責任」的口號，把企業形象推到理論的高峰，將企業經營理念表露無遺。執行該計劃的聲寶公司總經理石炳耀說：「在公司景氣低迷時，不論經銷商或內部員工，士氣都較為低沉、苦悶。藉著商標的改變，給人耳目一新的感覺，以提高士氣。」

　　自 20 世紀 70 年代末、80 年代初，台灣許多知名企業、大型企業特別是外向型企業紛紛導入 CIS，借此整頓內部，改善經營，增加員工的認同，提高工作熱情，並進一步將企業形象推廣到消費大眾與海外市場，塑造獨立品牌的企業規模，消除仿冒風的負面形象。台灣的外貿協會為了輔導、幫助外銷廠商改變產品形象，拓展國際市場，也積極推波助瀾，努力造勢，推動台灣企業跨入 CIS 時代。

第二章

企業識別系統(CIS)的導入

1 企業導入 CIS 的最佳時機

一、導入 CIS 的原則

(1)個性化原則。CIS 導入與策劃必須突出企業及其產品的個性，使其在消費者和社會公眾的心目中形成對企業的強烈印象。「與眾不同，別樹一幟」是策劃者要銘記於心、見之於行的指導。

(2)統一性原則。統一性就是企業的上下、內外、前後都要保持一致，以顯示企業的整體性、一致性。統一既包括視覺的統一，也包括理念和行為的統一，從而形成規範化、標準化、整體化的良好形象。

(3)易識別原則。CIS 的各個子系統的設計都要符合易識別原

則，標誌應易辨認，色調應具有衝擊力，理念包括企業精神、廣告導語等，應易上口、易記憶；企業行為舉措讓人易接受不費解。

(4) 易認可原則。企業導入 CIS，無論採取什麼方式和手段，都是為了被社會公眾所接受、認可。因此，企業 CIS 導入的創意要接近社會公眾，要與社會時尚協調一致，與社會公眾的審美要求相適應，與社會資訊傳播媒體相溝通。「標新」為了「立異」，而不追求「怪誕」；獨樹一幟是為了公眾認可合格，而不是非騾非馬的出格。

企業導入 CIS 要創造好條件，這些條件包括：

⑴領導條件。CIS 導入必須受到企業領導層及有關主管領導的高度重視。CIS 導入是企業全局性的工作，導入的主體部份不僅要領導者介入，而且需要領導者充當主角，沒有領導的高度重視，CIS 導入完全不可能。

⑵認識條件。導入 CIS 是企業重大的、很新的活動，對於廣大員工和領導者來說都需要從頭學習，使認識統一到 CIS 所要求的境界，沒有統一認識，導入 CIS 就會落入偏差，或走過場。認識的統一，員工對 CIS 認知度的提高，是不可忽視的條件。提高認識的辦法就是組織學習、加強學習，在導入 CIS 前要進行 CIS 積極分子培訓和普及性的報告宣傳，使全體員工知道 CIS 是什麼，怎麼實施。

⑶素質條件。導入 CIS 是現代管理行為，它既是領導決策層的事，也是廣大員工全員參與的活動。因此，領導管理層和員工作業層都要提高素質，不僅認識上要統一，而且行動上要有自覺性，嚴格按照 CIS 的規範進行作業。

二、導入 CIS 的三種途徑

1. 從 VI 切入的途徑

企業以 VI 即視覺形象為切入點導入 CIS，首先要在其外觀視覺形象上對原有舊形象進行改造，以推出新的視覺形象為突破口，在市場上進行宣傳、推廣，然後再配合推出企業的新理念、新舉措，從而完成全方位的 CIS 導入。

2. 從 MI 切入的途徑

從 MI 即理念子系統切入是指企業通過充分的市場調查和理性思考，一舉推出企業富有個性特色的經營理念，並在此基礎上形成企業新的視覺形象和行為方式，從而完成 CIS 的導入。

3. 從 BI 切入的途徑

從 BI 切入是通過企業有效的行為舉措造成廣泛深遠的社會影響，從而達到樹立企業新的形象的目的。東方通信股份有限公司就是採取這一途徑取得成功的範例。

企業導入 CIS 的行為是企業發展過程中的戰略行為，它具有整體性、全局性和前瞻性，如果對企業導入 CIS 的行為缺乏足夠的理論準備和認知準備，往往會落入認識偏差，對 CIS 的統一性、目的性、科學性產生片面理解。在導入 CIS 時產生的偏差表現為：

(1)以 VIS 代替 CIS。以為完成了 VIS 設計即是完成了 CIS 策劃，單純靠企業標誌圖案代替企業形象。

(2)重設計，輕貫徹。企業在開始進行形象策劃和設計時很重視，但卻不在意對策劃方案的貫徹落實，使 CIS 導入停留在紙面上。

⑶盲目模仿，人云亦云。企業形象策劃活動中，對視覺、理念、行為各個子系統的設計缺乏創意，盲目模仿他人的方案，造成形象雷同，五個性特色。

⑷脫離企業實際去迎合潮流。形式主義地趕潮流，不顧企業的經營範圍和經營特色，隨意用已有的模式去套，使企業導入 CIS 失去了真正意義。

三、導入 CIS 的時機

企業開發 CIS 的背景，除內部自覺需求與市場經營的外在壓力等因素外，每一企業體經營狀況各且特色、實際需要的情形互有差異，因此實施的方式與時機不盡相同。然而，CIS 是配合企業長期經營策略、整體傳達系統的計劃性作業，並非偶發性的即興之作。因此，任何企業開發、導入 CIS 都有一定的動機存在，下面列舉了一些企業開發 CIS 的可能時機。

1.新公司設立，合併成企業集團

當新公司設立時，導入實施 CIS，以系列性、獨特性的統一形式，傳達給消費市場與社會大眾，塑造良好的企業形象。再者，新公司成立時，可完全免除舊習陋規的包袱，設定最理想的經營理念與情報傳達系統，是實施 CIS 的最佳時機。企業合併後，給予經營環境與社會大眾的接受程度會有些微的影響。為了建立外界對合併後的企業集團產生新的認同與識別，CIS 的導入是解決消費大眾心中障礙的良藥。

2.創業週年紀念

創業週年紀念是對企業成長的肯定，也是外界信譽肯定的成果。在創業紀念時，實施 CIS 可塑造企業嶄新形象朝向更長遠的經營目標邁進。尤其是創業週年紀念日當天公佈，可使與會貴賓對企業經營加強信心，並增進員工的向心力與工作士氣。

3.企業擴大營業內容，朝向多角化經營

隨著時代的變遷，企業體本身不斷地在成長、變化，創業時期的經營內容也隨之擴大、改變，而朝向多角化的經營目標邁進。同時，企業生產的主力商品比重的變化，會使得原有的公司名稱或標誌等情報訊息發生與生產性質、經營內容不相符合的現象。因此，必須開發新的 CIS，統合新開發產品與企業本體的關係，建立符合企業實態的符號。

4.進軍海外市場，邁向國際化經營

企業經營在創業初期，一般均以國內市場為經營面。隨著時代的變遷、產業結構改變、交通運輸便捷，造成海外進軍的情形日益增多。原有傳達情報的視覺符號系統，不足以應付國際市場的經營需要，修正原有的標誌、標準字等識別符號與開發 CIS 是為建立品牌形象的因應對策。如日本 TRIO→KENWOOD，和成→HCG 等均屬此列。

另有些企業，自創業開始即採取國際化企業經營的策略，以利海外市場的拓銷作業，KENNEX 與 PROTON 即是依此動機導入 CIS 的成功例子。

5.新產品的開發與上市

企業致力於產品的研究、開發，以滿足消費者的需求，迎接

「輕、薄、短、小」的時代精神是企業經營不斷成長的驅策力。當新產品開發成功、上市之初,也是導入 CIS 的良好時機。因為新產品代表著企業經營不斷創新的具體成果,帶來領導先機的時代訊息,最容易令消費者接受新形象、新觀念。配合新產品的上市而實施 CIS,可收促銷產品的效用,又具塑造企業形象的雙重功能。

6.改善經營危機、活絡事業停滯

企業面臨經營不善的危機或業績停滯不前的現象時,除了最徹底的人事改組之外,可以採取若干措施,以振興營業。從內部組織氣候的生動化、生產作業制度的組織化,對外情報傳達訊息的系統化,視覺識別符號的同一化均能解決企業經營的諸般困擾。而 CIS 的導入更是最佳的方案,日本松屋百貨的 CIS 計劃,兩年內的營業額就成長了 118%,是令人樂道的案例。近年來,國內景氣低迷,聲寶電器就是在此狀況下導入 CIS,希望藉此起死回生,再創佳績。

7.消除負面印象,統一企業實態與企業形象的關係

企業經營遭遇某些客觀上或偶發性的因素困擾,致使消費者或社會大眾產生負面印象時,為了釐清消費大眾心中的陰影,改變企業形象,可經由 CIS 的導入,強調耳目一新的清新形貌。如十信、國信事件中,霖園企業集團即極力擺脫舊有的家族企業的關係,另在各類廣告媒體中導入新的識別符號,以區分霖園與國泰的差異性。

再者,企業經營實態與企業形象二者之間是不可或分的。企業經營良好而企業情報傳達通暢,企業實態就與企業統一,若二者之間互有缺損,則會產生情報訊息與經營成果相逆的現象。此時可實施 CIS 以建立正確的經營理念(MI),扮演積極性的社會責任角色,並導入獨特的視覺識別符號(VI)傳達給社會大眾,造成大眾的認

同，共用企業成長的結果。企業實態與企業印象的關係如圖 2-1-1
所示。

圖 2-1-1　企業實態與企業形象的關係

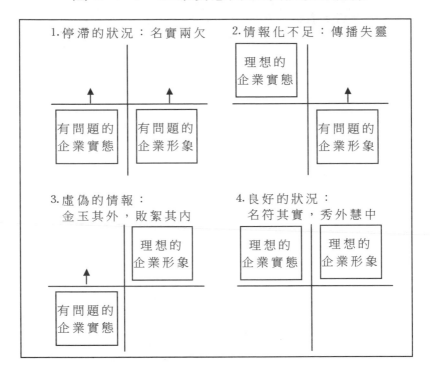

8.企業改組或經營高峰更換，創新作風

　　當企業內部高峰更換或重要人事改組時，企業體的組織結構會
產生大幅易動的現象，舊有的制度系統已不符合新的經營方向與路
線。為了創新作風，以期使企業生氣盎然、耳目一新，實施 CIS 是
改變舊有企業形象的最佳途徑。日本松屋百貨、KENWOOD 電子均是
此種時機導入 CIS 的成功案例。

9. 提升品牌與企業的共同性或品牌升格為企業商標

實施品牌識別（Brand Identity）策略的企業，可獲取市場較大的佔有率，但在 BI 策略之上若有 CIS 的統整，則會增加產品在消費者心目中的地位，而企業規模也愈發顯得堅實、鞏固。

另外，當品牌在消費大眾中造成根深蒂固的正面印象時，可將品牌升格為企業商標，以利企業與品牌的印象同一化。當然，適時地導入 CIS 統合二者的關係，更能建立良好的企業形象。如國內老牌的飲料黑松汽水，即是因應消費者對品牌的認同，將原有的企業名稱「進馨飲料股份有限公司」改為「黑松飲料公司」，以利品牌與企業同一的經營戰略。

10. 企業情報組織不一、管理系統欠缺

在企業經營成長的過程中，產品種類與日俱增、風格樣式，益顯複雜，包裝設計規格尺寸不一、廣告宣傳情報訊息多樣等均造成企業情報無法一以貫之，來表現企業精神與經營理念，同時造成內部作業的繁瑣與紛亂。實施 CIS，以規格化、統一化、組織化的系統作業，可健全內部管理系統的運作流程，統一企業情報的傳達訊息。

11. 經營理念的重整與再出發

企業觀念陳舊、無法適應時代的進步時，必須調整企業精神與經營理念，以扮演肩負著時代意義的社會性角色。其中尤以企業的具體表徵——標誌、標準字及其它的設計要素顯得落伍過時、不能吻合潮流時，必須使之脫胎換骨、金蟬脫殼般地再創新生，使社會大眾能察覺企業新的進步形象。藉著企業經營階層有心重整經營理念及企業經營成果獲得肯定後的再出發之際，也是導入 CIS 的良好時

機，象徵企業求新求好的實質意義。

12.競爭產品性格模糊、品牌差異性不明確：

由於科技進步，品質原料、生產技術、成本售價均趨向同質化，競爭廠商相互之間差異性不彰，導致消費者識別認知產生疑慮。為了創造企業間的差異性，導入 CIS 以鮮明耀眼的視覺識別符號，塑造企業獨特的形象，可以強化市場競爭能力，加深消費者對企業和品牌的認同。

心得欄 _____

_____

_____

_____

_____

2 成立 CIS 策劃委員會

　　CIS 策劃委員會由企業內部的 CIS 策劃辦公室成員和企業外部專業策劃部門共同組成。

一、企業內部的 CIS 策劃委員會

　　企業內部的 CIS 策劃委員會，是在企業高層主管的領導下，由廣告部門、公共關係部門以及各職能部門所抽調的人員組成的非常設的組織機構。其主要職能有：

　　1. 為外部專業策劃部門提供企業的有關資料；

　　2. 與外部專業策劃部門共同分析和策劃；

　　3. 對員工進行培訓；

　　4. 組織和控制 CIS 戰略的實施等。

二、外部專業策劃部

　　企業外部的專業策劃部門可通過招標方式，選擇專業策劃公司、廣告公司或大專院校的企業諮詢中心、策劃中心、市場研究所等單位承擔。外部策劃部門的職責如下：

(1)根據企業高層領導的特性及企業原有形象的調查，幫助企業確認或確立企業獨特的理念精神；

(2)在企業理念精神的指導下，確定企業的社會定位、市場定位及產品定位，並制定相應的戰略和制度；

(3)設計能代表企業形象，突出企業風格的企業標識，並通過大眾媒體和非大眾媒體進行傳播；

(4)幫助企業制訂培訓和導入計劃；

(5)對企業內部員工進行 CIS 培訓與教育，使全體員工達成共識，共同為塑造企業良好形象而努力。

三、塑造企業形象

企業形象塑造是一項十分艱巨的工作，需要企業內外的配合。一方面，它必須在企業全體員工達成共識、共同努力的情況下才能實現；另一方面，它的實現還必須得到企業外部社會公眾的理解、支持和認可。因此，企業形象策劃過程中，造勢是十分必要的。造勢過程就是一個宣傳與培訓相結合的過程。

首先，通過企業簡報、有關文件、資料彙編等傳播 CIS 的有關知識；宣傳導入 CIS 為塑造和提升企業形象的重要意義。

其次，通過經營者講話、動員報告、各部門討論，進一步提高認識，統一想法，達成共識。

開辦各層次的 CIS 知識培訓班和研討班。請專業策劃部門的專家、教授負責講授有關企業形象和 CIS 戰略方面的基本知識和導入 CIS、塑造企業形象的具體操作過程；通過研討班進一步理解企業形

象策劃的意義和程序，以便更好地配合企業形象策劃工作的進行。

　　最後，利用新聞媒體進行宣傳造勢。發表企業領導關於企業形象方面的文章和講話、介紹企業業績和員工中的先進事蹟、宣傳企業文化和企業精神等，為導入 CIS 做好鋪墊。

四、企業形象戰略的策劃和實施必須內外結合

　　企業形象戰略不是單純的企業標識等外部表象的塑造，它涉及企業高層決策者的理念精神和各部門的行為規範。因此，CIS 戰略內涵的系統性，必然導致 CIS 戰略導入和實施的複雜性和整體性。

　　CIS 戰略的策劃，絕不能僅僅依賴於企業外部的廣告公司或企業形象策劃公司，而必須以企業內部力量為主，組成 CIS 策劃小組，借助企業外部的專業策劃公司、諮詢公司、大專院校等力量，共同做好策劃工作。

　　企業形象戰略的實施和落實、企業良好形象的塑造和樹立，不能僅僅依靠企業高層領導的意志和行為，更不能僅僅依靠企業的廣告部門和公共關係部門的對外宣傳活動，而必須通過全體員工的共同努力，才能取得成功。

　　首先，企業的經營哲學、精神文化、傳統風格等，絕不是一句空洞的口號所能表現的，它必須通過企業的高層領導貫穿到全體員工中去，通過全體員工的行為來加以體現。例如，美國 IBM 公司的「尊重個人、服務顧客、追求完美」的理念精神。

　　其次，規範化的內部管理制度，只有變為全體員工的自覺行

動,才能得以合理地貫徹和落實。如果只有系統和完備的管理制度,而不能在全體員工中加以執行和實施,再完美的制度也只是一紙空文。

同時,企業良好形象的塑造,也是全體員工共同努力的結果。員工的工作責任感、精神風貌、儀表態度等都會影響企業的形象。例如,由於員工工作上的失誤而造成的產品質量的下降、服務質量的低劣,由於員工的懶散作風而給公眾留下的不良印象,甚至由於員工的服飾不整、態度冷漠而引起的公眾不滿等,都會影響企業的形象。因此,CIS 戰略的實施,必須通過教育和訓練,激發全體員工的積極性,使系統化的戰略變為全體員工的整體行為。

有關企業的理念精神、行為規範及企業標識等資訊的傳播,不僅可以借助報紙、雜誌、廣播、電視、戶外廣告等大眾廣告宣傳媒體,而且也可以通過企業內部的辦公用品、交通工具、服飾、辦公室內的設計與包裝系列、企業建築物、企業公益活動等非大眾媒體進行傳播。企業 CIS 資訊的傳播對象,不僅包括企業的目標顧客和企業外部的供應商、經銷商、新聞部門、金融部門、投資者、政府部門及其他社會公眾,而且還包括企業的內部員工,是面向全社會來樹立企業的良好形象。

CIS 戰略的導入,不是一個孤立的行為,往往是以企業的某一項重大事項或重大活動作為切入點,抓住時機集中宣傳、大造聲勢,為 CIS 戰略的導入營造一個氣勢磅礴的局面。例如,可與營銷觀念的轉換結合起來,通過 CIS 戰略的導入,改變傳統的生產觀念和產品觀念,修正單純的市場觀念,樹立現代的、標誌著企業成熟化的「形象觀念」,從總體上塑造良好企業形象。CIS 戰略的導入,也可

與企業的發展戰略結合起來。當企業擴展經營領域，實施多元化經營時；當企業走集團化道路成立新的公司之時；當企業開闢新的目標市場，或向國際市場推進時；當企業的新產品上市時等等，企業都可抓住時機，適時地導入CIS戰略，塑造新的企業形象。

五、籌劃組織的編制

CIS開發工作要包括在日常例行工作中推行，幾乎是不可能的事，而是要放大眼光而通盤性的對公司本身做觀察檢討；因此要做好CIS開發工作，必須將它視為例行工作的附帶工作。

企業內部會提議導入CIS系統的部門，大致上是宣傳部門、設計部門、經營企劃室等單位。意見提出後，為了推行計劃，當然要編制推行小組，為確保推行過程中的預算，也要獲得高級主管的承認。對高級主管提出申請前的主要作業項目有設定開發目標、明確導入目的、設定開發基本計劃（預定表、組織、預算）等。CIS目的或目標的標準化較易進行，但是形象方面的指數化或定量化則較為不易。因此呈示高級管理主管時，須把握住問題意識和他們的性格，最好有能夠引發其興趣的準備工作。

一旦得到高級管理主管認可之後，即可正式編制籌劃組織，並開始CIS開發作業。第一階段的作業中心是確認統一性、企業形象的實態、訊息傳達現狀和設計系統的實態等調查分析工作。此階段特別要注意的是「形象尺度」和「情報價值尺度」，並對企業本身做通盤性重新檢討，這也是必備的認識及習慣作風。

企業組織是以上下關係為中心，因此容易造成各部門單位的不

同看法和意見。這種傾向對 CIS 所需的客觀性觀點,以及設定企業全盤性價值基準而言,非常不利,應該儘量避免。關於形象不能定量化的問題,也要有意識的應付。人在組織中判斷事物時,容易依賴定量性的根據,如果無法掌握量的問題,大多會憑藉個人喜惡做定論。可是,形象問題大致上是傾向選擇問題,因此超越個人情感,以客觀中立的判斷基準考慮企業的好壞,是參加籌劃者應切記而必備的條件。

　　參加組織的人員,並非特定部門人員,而應由各部門代表參與。就行動敏捷和舉辦會議等問題而言,人員當然愈精簡愈好。換言之,能搜集企業全體各方面的情報,且在能順利進行傳遞情報的情況下,以最低限人數編制,才是理想的做法。

　　以東洋公司為例,東洋工業公司編制開發籌劃組織時,參加人員所屬部門及人員數量如下:

(1) 宣傳企劃(兼任命名委員)　　　　　　　2 名。
(2) 宣傳製作(設計師)　　　　　　　　　　3 名。
(3) 公司新聞總編輯　　　　　　　　　　　 1 名。
(4) 販賣計劃(電腦程式設計師)　　　　　　1 名。
(5) 巡迴人員(各推銷代理店的巡迴顧問)　　1 名。
(6) 秘書　　　　　　　　　　　　　　　　 1 名。

　　其後依各時期所需可有所增減,上述就成為開發階段中組織的人員。此外,由各部門部長、課長所組織的會議即成為這個籌劃組織的顧問機構。當時,東洋工業公司也聘有公司外部顧問。

　　本開發籌劃組織的成員,幾乎網羅了所有與本體有關的公司及 120 家代理商,而從事獨立開發作業。成員必須具備專門性學術知

識，並利用多年來工作經驗，參加新的設計工作。例如：原本擔任公司新聞總編輯者，交際廣泛，可進行公司內部協調工作；電腦程式設計員則能活用代理商的展示系統，而獨立設計程度並輸入電腦。這是一個很好的例子。

東洋工業公司此類組織成員共 9 人，對開發組織而言，屬人數較多的一家。總合販賣業的大榮公司也組織了開發小組，不過成員只有 4 位，處理作業也相同。大榮公司內部並無設計師，但是這種組織人數大致以 4 位、5 位為標準，且須時常和高級管理主管維持密切聯繫，最重要的是工作進度或內容的改變等，一定要讓高級主管瞭解。因為 CIS 開發計劃的籌劃工作是由下而上，實施工作則是從上而下的形式，這種形式會帶來高工作效率。從此觀點看來，大榮公司確實將開發計劃作業進行得很理想；而開發籌劃組織成功導入 CIS 後，即變成專職的 CIS 部門，繼續發揮著有力的機能。

六、推進 CIS 計劃的主體

導入 CIS 時，必須列出一定期限的「作業計劃」，然後對此計劃負責，確認概念構築階段的課題及其解決目標，同時也須設置 CIS 計劃的推進主體，才能確實而有效地執行原定計劃。CIS 導入計劃的負責人，由特定的個人或單位來擔任均可，但必須注意下列事項：

1. CIS 是屬於公司全體的計劃，所以會有許多部門和負責人產生關聯性。許多問題都須仰賴這些相關人士或部門溝通彼此意見、協力合作。

2. CIS 作業涉及和經營方面有直接關係的課題。

3. 推進 CIS 計劃的過程中，有一些決定性的問題，必須得到公司負責人的批准。

4. CIS 計劃需要投資一筆費用。

5. 這種計劃的推行，通常有一定期限，應執行各期間所預定達成的目標。

6. 事前調查、概念的企劃等，不僅需要理論性的判斷，也涵括設計表現的選擇和指示等感性判斷過程。

基於上述情況，CIS 計劃的推進主體應由具備全公司多樣經驗、多樣才能的關係者來擔任，可以稱為「合議制」，而它在編制上則直接歸屬於最高負責人，所以，CIS 委員會大致均以團體的形式來執行工作。但是從另一個角度來看，當 CIS 委員會的成員過多時，在檢討問題方面反而不易獲致結論。

心得欄

3 CIS 委員會的工作職責

一、CIS 委員會和事務局的機能與職責

CIS 委員會的作業內容大致如下：

1. 確認 CIS 系統，關於 CIS 導入的方針和計劃等，都應加以立案。

2. 根據導入方針和系統內容策劃事前調查，並管理調查作業的進行狀況，同時舉辦公司內部員工教育活動。

3. 參考調查結果而構築 CIS 概念，將立案後的活動計劃呈送給公司的最高負責人。

4. 按照被上司批准的概念和計劃，製作配合埋念表現和識別系統的具體企劃案。

5. 按照被批准的識別系統計劃，製作新識別的設計開發要領，為開發新識別系統而採取適當行動。有些計劃則發包給外界，由委員會負責管理設計開發過程。

6. 審議設計表現的內容，將結果呈示公司最高負責人，得到批准後，這種新設計才算正式通過。

7. 對公司內外發表開發的結果。

8. 在公司內部徹底實行新的 CIS 概念。

9. 整理結論，確認日後的活動計劃和管理結構。

CIS 委員會的作業方式，大致先由委員會企劃上述項目，並審議其內容，然後付諸實行，把結果編列成報告而得到最高負責人的承認。至於各委員會對這些實際作業的負擔程度，就要視外界專家、顧問公司的協助情況以及能力等而不同，也和事務局的企劃能力和管理能力有關。總之，CIS 委員會是推進 CIS 計劃的主題，控制「最高管理」、「公司員工」、「外界幕僚機構」的推進作業，必須達到預期的結果，絕對不可以某單位配合不力為藉口，推卸無法完成目標的責任。

二、CIS 委員會的經營條件

CIS 委員會的設置必須具備如下的經營條件，才能發揮其機能。

1. CIS 委員會的委員應集合公司各部門的意見，站在眺望全公司發展的立場，作各事項的討論、評斷。值得注意的是，代表各部門單位的委員不可因為偏顧所屬單位，而忽視公司全體的利益。

2. 各委員應扮演好公司內部建議者的角色，同時為了讓公司的員工瞭解 CIS 計劃的意義，委員也要擔任這方面的領導者，如此必能提高 CIS 的成效。

3. 導入 CIS 的計劃必須循序推行，由每一位委員擔任其中一部份工作，對作業內容和完成期限負責，共同展開各種相關活動。

4. 委員會的組織直接屬於公司最高負責人，各委員的組成均須得到最高負責人的瞭解和指示。

CIS 的設計開發方式

設計開發包含以下三要點：

· 設計開發委託方式的選擇。

· 設計作業的分配方式。

· 設計開發的程序。

有關以上三點，負責設計者應該對 CIS 做最適當的解釋及經營管理。一般而言，CIS 的設計開發可以參考下列方式，各種方式各有其優缺點。設計開發的委託方式有：

1. 總括委託方式

⑴設立 CIS 諮詢處，受委託的公司在責任範圍內，以設計開發為條件，接受 CIS 計劃的委託。

⑵由公司內部的設計者，或外界的設計家來擔任實際的設計開發作業。

⑶為了公平起見，設計者的姓名通常不公佈，但一般也有公佈姓名的，也可以考慮指名設計競賽的方式。

⑷總括委託方式的優點，在於受託的公司將設計開發作業提前進行，所以可因熟悉該企業的立場而進行目標一致的作業。

⑸可是如果受委託的公司能力未熟練時，設計者作出的成果有限。這時，可以考慮以什麼方式利用外界設計家，才能彌補這個缺

點。

2. 指名委託方式

⑴預先指名特定的設計者。舉凡整理設計、要委託的事項，全部依賴設計公司。

⑵當企業的 CIS 目標能與設計家的特性完美搭配時，就能得到很好的設計成果。而且若能活用在指名設計比賽中，有實際表現的設計家，更能增進成本的設計開發。

⑶當指名設計者的特性與該企業的目標無法配合時，有可能因為太偏於設計者的感覺而導致失敗，也會產生因過分遷就設計者的時間，而影響結果、期限問題等缺點。

3. 指名設計競賽方式

預先指名優秀的設計者以及可能會入選的設計者，出示同一個設計開發條件，再要求設計者提出作品方案比較。

⑴這種指名設計競賽有以下優點：

①能獲得多數設計者的意見，設計層面更廣泛，並且能夠從不偏頗的設計結果中，選定最適合的企劃。

②在多數實力競爭激烈的條件之下，更能得到設計者的最佳作品。

⑵這種方式有以下缺點：

①對於沒有入選的作品，也必須給予酌量設計費，因此，這種方式必將花費更高的設計費用。

②想要讓知名度高的設計家參與，就必須提高設計費；知名度愈高的企業愈能夠打動設計家參與的意願。因此，這種方式對中小企業來說未必合適。

③必須預先向設計家說明 CIS 計劃以及調查結果，所以極有可能洩露企業秘密。

④參加設計競賽的設計家們，必須依照規定的條件來設計作品。因此，對於企業問題的掌握、調查結果的理解、設計開發的經過背景、以及企業的特質等情報，無法深入去瞭解。所以，協調者之間的協調能力強弱與否，將可能影響設計家的設計結果。

4.公開設計競賽方式

不指名特定的設計者、或募集設計集團參考；此方式能夠獲取較便宜、多樣化的設計構想。

⑴從 CIS 的觀點而言，這種方式較不容易取得高品質的企劃案。而且以公開招募的方式，將 CIS 概念傳達給參加者似乎不太合適，將會影響 CIS 設計的開發方式、結果。

⑵設計體系的構築，必然由設計者或設計集團來擔任。這對 CIS 設計開發方式而言，是不合適的手段。

心得欄

5 視覺識別系統的運作流程

　　企業視覺識別系統的設計開發是奠定企業視覺形象的基礎，也是整個企業形象實施規範化、個性化、整體化的關鍵。企業視覺識別系統的設計開發工作流程包括四個步驟：委託設計、審議提案、設計開發及應用推廣。

一、委託設計

　　步驟一是委託設計。在決定推行企業形象戰略之後，經週密的市場調查即可著手視覺識別系統的設計開發。選定設計開發方式、簽訂設計開發委託書，是委託設計階段最為重要的兩項工作。

1. 選定設計開發方式

　　視覺識別系統的設計開發方式共分三種：全部委託、部份委託和招標方式等。

　　全部委託方式是將設計任務完全交給一個實力強的設計公司承擔，依靠專業設計人員的經驗和才幹完成所有的設計開發項目。其優點在於能縮短導入 CIS 計劃的時間，取得優質的設計效果，其風險在於如果設計人員的設計理念失之偏頗則效果適得其反。

　　部份委託是以專業設計公司為主體，本企業設計人員參與其中

的合作開發方式。這種方式可以較好地發揮設計公司的專業優勢，產生出符合企業實際的設計成果，但如果雙方不能很好地配合，就會減弱責任感，降低整體設計水準。

　　招標設計方式分為指名設計和公開競選兩種。指名設計是邀請比較優秀的設計者或者有可能入選的設計人員，拿出其作品方案進行優選比較；公開競選是面向社會提出設計要求，廣泛徵集設計方案，然後進行優選。招投標方式的最大優點是集思廣益，容易產生創意設計好且表現完美的視覺識別方案，但成本較高。無論採用何種開發方式，都應根據企業自身的實力和媒體情況，保證設計質量要求。

2. 擬訂設計開發委託書

　　企業視覺識別系統的設計開發是一項嚴肅而慎重的重大舉措，在設計開發工作尚未開始之前，應認真擬訂設計開發委託書。內容包括：明確開發目標，記述原因背景、戰略作用和工作目的。闡明調查結果中有關設計部份的評價，以及原設計存在的問題，提出設計要求，如設計要素、應用條件及設計要求。如果是招標設計方式，還應增加截稿期限、審稿時間、公佈結果及通知方式、競賽獎金等。另外，方案被採用後要另立契約，對入選方案的後期製作、修改維護、指導應用等工作及報酬做出明確的說明。

二、審議提案

步驟二是審議提案。企業視覺識別系統的建立取決於標誌、標準字、標準色的選擇。成功的品牌形象在視覺上具有鮮明的易識性，是規範的圖形、字體、色彩和商標組成的視覺整體。同時，由基本要素組成的品牌形象還要能體現企業或產品的個性品質，要求設計具有新穎性和獨創性。另外，視覺識別的這些基本要素，應以簡潔的形式，完整而準確地體現理念的傳達性等等。為了客觀公正地審議設計方案，應先制訂方案的審議標準和審議程序。

1.審議標準

創意的新穎性。一組標誌圖形能否迅速吸引人們的注意力並使人留下深刻印象，首先在於創意的新穎性。選擇與眾不同且十分有趣的創意圖形能使人感受到設計作品中所承載的激情與樂趣，並且感受至深，難以忘懷。

⑴構圖的技巧性。用何種手法來表現創意是對設計師設計智慧與技能表現的嚴格檢驗。有的善用比喻，有的喜歡誇張，有的崇尚嚴謹，有的偏好輕鬆。因此，不論題材的選擇，還是表現手法的應用，都應對各種不同設計風格、不同技法的方案做出公正而客觀的審美判斷。

⑵視覺的易識性。人們所能辨認的色感和形狀是各不相同的，人的視覺中心區域是有限的，視網膜中央凹點是惟一具有敏銳分辨力的區域，視域的其他地方則模糊不清。因此，好的設計方案應根據人眼移動性強的特點，將視線集中在有可能感興趣的視點上，將

快速閃過的小塊視覺單位組成緊湊而連續的簡潔式圖形表現。

⑶理念的準確性。視覺識別設計是將企業形象的戰略內容以及概念性的抽象理念，落實為具體的可視符號的傳達。能否將企業理念和戰略取向準確地傳達出來是審議方案的一個重要方面。因此，可從企業的經營信條、文化風貌、方針策略中審議理念傳達的準確性。

2.審議程序

⑴初評。由知名學者、高級設計師、高層決策者和市場營銷專家等專業人十組成評審團，採取填表圈定或打分擇優的方式，篩選出較為成熟的方案以供復審。在這一環節上，視覺感官的影響力強於理性分析。

⑵復議。將初評方案製成展示板或幻燈片，進行分類比較，評價各方案的優劣。分類方法既可按文字類、圖形類劃分，也可按造型元素的點、線、面、體分類劃分，還可按新穎性、易識性、趣味性、寓意性劃分。評委們在對方案進行復議時除要填表圈定外，還要對各方案的優劣做出文字評價，以確保方案評審的客觀公正。

⑶審定。在經過了初評、復議之後產生出來的方案，都有其獨特而新穎的成功之處，因此，既可按評分結果作取捨，也可由企業高層決策者聯席會審定最終方案。

三、設計開發

　　步驟三是設計開發。設計開發是將定稿的視覺識別系統基本要素方案加以深入細緻的推敲和修改，並同時對應用要素的使用提出規範要求。這一環節是企業視覺識別系統設計開發的關鍵。

1. 標誌、標準字的精確化修改

　　為了樹立標誌、標準字的權威，使各種應用設計能遵循既定的規範，通過各種傳媒不斷傳播並發揮設計的整合力，在標誌、標準字的方案選定後，進一步深入推敲和修改細節，如比例的調整、造型的潤飾、要素間的檢查、極限狀況的核對等。

2. 展現基本要素和系統的提案

　　除標誌、標準字之外，其他視覺設計要素的開發可同步進行。另外，要將標誌、標準字要素與其他要素的關係，以及要素之間的用法明確化，並提出詳盡的企劃案以便落實與實施。

3. 構築視覺識別基本系統

　　企業名稱、品牌標誌、標準字體、專用印刷字體、標準色、企業造型或象徵圖案、企業精神的標準口號、企業報告書等，都應有規範化的圖例和說明，並以基本要素手冊的方式進行編輯。這一部份是視覺識別系統開發的基礎過程，可以在設計的最初階段完成。

4. 應用項目的設計開發

　　在所有應用項目的開發中，可以先進行代表性項目如名片、公司招牌、文具類及事務用賬等要素的開發設計，再進行一般應用項目的設計開發。整個視覺識別系統應用要素的開發設計應包括：廣

告(電視廣告、報紙廣告、雜誌廣告、招貼廣告、其他宣傳物)，推銷(紀念品、樣本、產品目錄、燈箱、廣告牌、霓虹燈、櫥窗陳列、店鋪、小展廳、展示會等)，宣傳(企業簡介、營業指南、內部雜誌等)，交通工具(商品運輸車、業務用車、大客車、作業車、修理車、集裝箱等)，建築物(外觀環境、內裝修、辦公室、工廠、營業所等)，標識類(門面、展示板、企業內部導示系統，部門導示標誌、旗幟、證章等)，服飾類(制服、工作服、帽子、禮服等)，包裝類(包裝紙、包裝箱、瓶、罐、盒、膠帶、即時貼、品質標籤等)，事務用品類(名片、信紙、信封、便箋紙稿紙、會議記錄紙、筆記本、預算、報表、獎狀、命令用紙、工作證、薪資表、各種業務用單據、發票、手提袋等)，用具類(桌子、椅子、茶具、煙灰缸、廢紙簍等)。

5.模仿、測試、打樣

將上述所有視覺識別要素的設計稿綜合在一起進行模仿測定和檢驗，觀察其綜合效果，同時對方案進行局部的修訂。

四、推廣應用

步驟四是推廣應用。在完成了所有視覺要素的開發設計之後，就進入了視覺識別系統的應用推廣階段。這一階段的重點是模式選擇。企業視覺識別系統的應用推廣有以下模式可供選擇：

1.「三位一體」訴求模式，即商標名稱、產品名稱及企業名稱一致的形象戰略。這一模式的特點在於通過全方位的傳播，同時建立商標、產品、企業的知名度。

2.「產品—企業」訴求模式，即同時將拳頭產品與企業形象推

向市場的形象戰略。這一模式的特點,在於以拳頭產品為突破口,進而宣傳整個企業形象,容易產生相得益彰的效果。

3.同心多元化模式,即在多種產品品種中,以某一商標作為企業所有品種的形象代表,通過統一模式配合媒體組合進行密集型促銷活動。

4.品牌多元化模式,即在多種不同品牌陣營的背後有著相同的企業背景,如汰漬(Tide)洗衣粉、幫寶適(Pampers)紙尿褲、海飛絲洗髮水、佳潔士牙膏等都屬於寶潔公司的產品陣容。

心得欄 _____

_____

_____

_____

_____

_____

6 導入 CIS 的流程

　　通常情況下，需要有人向某企業或其他機構提出導入 CIS 的建議，經過相關主管們研究同意後才會決定導入 CIS。建議人可能是某個企業內部的人員或部門，也可能是從事 C1 服務工作的專業機構或專業人員。不論建議者是誰，把握適當的提案契機、提交具有充分可行性的建議書，是建議書能否發揮作用的關鍵。

　　導入 CIS 的建議書主要包括下列要點：

- · 必須導入 CIS 的理由和背景。
- · CIS 規劃的方針。
- · 提出具體施行辦法，包括導入日期、有關機構或組織、完成日期和預定完成的內容、具體的行動等。
- · 提出導入計劃流程圖或計劃表。
- · 實施 CIS 規劃所需的投資預算表。

　　建議書撰寫的重點在於「導入 CIS 的理由和背景」，尤其是導入 CIS 的理由一定要闡述清楚。CIS 的導入、實施所能解決的問題，解決之後的企業發展方向，導入 CIS 所能達到的效果；如果不導入 CIS，企業將面臨的困難等都是導入 CIS 的理由。這些問題是否說清楚，可能決定了該企業對 CIS 系統的方向。同時要注意的是，不能只指出企業的缺點，而是要針對時代潮流、相關產業和本企業的

現狀提出精闢入理的看法，並以發展的眼光來對待問題。總之，建議書必須正確把握問題的重點並予以恰當的說明，也可附上客觀的有說服力的參考文獻或索引。

建議書的另一個重點是「CIS 規劃的方針」。這部份應根據前面所指出存在的每個問題，提出解決辦法的途徑，由此形成企業導入 CIS 的基本方針。

導入 CIS 的計劃大致由三部份構成，第一部份是企業實態的分析，也就是在 CIS 策劃設計前所作的調查；第二部份是根據調查結果，考慮有關 CIS 問題的解決之道，也就是「概念構築」過程；第三部份則是推行計劃的具體策略，包括主要項目的設計開發、實施、計劃的展開、應用設計等，企業經營者在推行 CIS 則應按照以上這三大部份配合企業實際，循序而進並切實施行，才能真正發揮 CIS 的功效。具體流程如下：

1. CIS 計劃的開始和確認

包括：有關導入 CIS 的建議書被通過批准；企業內部與 CIS 有關的領導人和其他相關人員確實執行已確認的作業；企業與委託的專業機構簽訂基本合約。

2. 設置 CIS 組織領導機構

設置 CIS 組織領導機構，確定總負責人和具體業務負責人。

3. 現狀研討

CIS 組織領導機構分析研討有關 CIS 的期待成果和現狀問題，根據情況可擴大相關部門負責人參與討論。

4. 問題收集

請企業內部的相關部門員工提出有關 CIS 的現狀問題，以及對

導入 CIS 的期待事項。收集到一起進行分析、整理。

5. CIS 導入方針的確認

使導入 CIS 的計劃推進方針明確化。

6. 實地考察

安排專業機構有關人員到本企業的相關部門實地考察。

7. 企業內部的資訊溝通活動

喚起企業員工的 CIS 意識，進行內部啟蒙教育。策劃資訊溝通方式、媒體、具體內容；分別舉辦各階層員工的說明會議。

8. 調查體系的策劃

確定調查對象和調查方法，並確認調查方針。

9. 調查設計、調查對象和方法的決定

根據已經確定的調查對象和調查方法，具體進行有關調查問題和問卷的設計；預估調查作業量，選擇適當的調查機構，確認調查實施的概略計劃表。

10. 選定調查機構

與選定的調查機構簽訂合約；確認調查程序、調查內容等工作的明細計劃表。

11. 調查準備

根據調查計劃進行準備，如取樣、印製問卷、分配調查工作等；調整並事先約定訪問對象等。

12. 調查實施

進行企業內外部環境的調查；整理收回的調查問卷及其他調查結果資料；安排統計分析。

13. 調查結果的統計分析

完成定量調查後根據調查資料進行分析；收集定性調查結果資料並加以整理。

14. 項目調查

根據資訊傳播項目的需要設計問卷調查表；把有關項目提供的方式和期限等計劃確立方案，同時對內部進行傳達和說明；整理項目搜集的結果。

15. 視覺審查

分析舊有的識別系統及識別要素，進行視覺審查分析。

16. 負責人深度訪談

直接訪問企業主要負責人，瞭解其意向，詢問瞭解其對於經營理念、企業未來活動方針的基本思路，探討 CIS 各子系統問題要點等。

17. 解析調查分析結果

以所有調查結果為基礎，解析這些資料所顯示的意義；找出企業目前形象活動中的問題，以探索未來的正確方向。

18. 設計人員的挑選和簽訂合約

挑選負責 CIS 設計開發的設計師或設計公司，按照「設計開發要點」的規定簽訂合約。

19. 製作總概念報告書

根據調查的綜合整理結果，構築 CIS 概念的方案；對企業想法、將來的企業形象和識別問題等都經過充分研究並作出結論。

20. 總概念的發表

對企業領導層說明總概念；審議總概念提案內容，決定施行方

針和內容。

21. 企業理念體系的構築

根據總概念的施行方針和內容，研究表現新企業理念體系的問題；由企業主要負責人決定新企業理念的表現內容，加以討論後確認；完成 CIS 計劃，接收新管理系統的業務。

22. 企業識別系統的再構築

根據總概念和新企業理念決定企業名稱、識別，以及有關標誌和個別標誌的問題。企業識別系統的再構築作業完成後，爭取企業內外的認同。

23. 變更企業名稱及其簡稱

決定變更企業名稱後，先選出幾種新名稱方案，經過討論後再決定新的企業名稱，辦理必要的法律手續。

24. 制定 CIS 設計開發計劃書

根據總概念和變更企業名稱的結論，整理出設計開發條件。如果需依靠外界人士或機構設計時，應先制定「設計開發要點計劃」。

25. 設計人員確定方針

選定設計人員後，應提示調查結果的開發條件標準，並向其說明各種有關項目的設計開發問題。

26. 介紹設計基本形態

設計者完成以基本要素為中心的設計基本形態後，呈送給 CIS 組織領導機構和領導層審議。

27. 設計測試

向指定受測對象進行新設計基本形態的反應測試、視認性測試等。

28. 法律上的核定

核定商標、標誌等設計方案。辦理商標註冊等必要的法律措施。

29. 決定設計基本形態及精緻化

從幾件基本形態設計方案中，經討論選定企業的設計基本形態。對選定的設計方案進行造型精緻化作業。

30. 制定形象標語

形象標語，作為基本設計要素的一部份，也可面向企業內外部公開徵集。形象標語決定後應列入設計系統中統一設計。

31. 基本設計要素及系統的提案

以設計基本形態為中心開發基本設計要素及說明設計系統的提案。以基本設計要素的組合為中心，經討論決定應用設計項目的設計開發原則。

32. 基本設計手冊

編輯印製基本設計手冊；製作完成供複製用的清樣及光碟。

33. 對外發表計劃

制定關於對外發表的方針、時機、方法、費用等計劃。

34. 企業內部的資訊傳達計劃

計劃有效的訴求方式，把 CIS 的成果有效地傳達給全體員工。資訊傳達的方針、時機、方法、順序、資料、費用等都要有週詳的計劃。

35. 應用的適用計劃

詳細計劃開發的新設計在具體項目裏展開適用；適用計劃的方針、時機、方法、費用等安排妥當；整理確定新設計各項目的應用條件及要求。

36. 應用設計開發

使基本設計具體使用於應用項目，檢驗試作的具體項目。

37. 編制應用設計手冊

編輯、印製應用設計手冊。

38. 新設計的使用

按照新設計的項目，配合應用適用計劃而進行實際製作。

39. 策劃製作企業內部的用具

製作企業內部資訊傳遞的用具和概念手冊。

40. 對內發表

對內發表 CIS 成果，進行員工教育。

41. 對外發表

對外發表 CIS 成果以及企業理念和企業識別的變化等，報導 CIS 消息，利用廣告媒體公開發表，通知各交易對象。

42. CIS 相關計劃的推進與運行

制訂 CIS 的應用問題以及在企業內有效的推行方法。

確定 CIS 的管理維護作業系統；決定 CIS 相關計劃的結束和繼續管理的問題；建立新的資訊管理系統。

7 CIS 導入的注意事項

　　CIS 的導入計劃是一種程序，按照理論和預定時間，循序進行作業，以便達到所期待的成果；所以，若要獲得良好的 CIS 成效，就必須制定理想的程序。那麼，如何制定適合公司的 CIS 導入程序呢？關於這個問題，CIS 委員會必須充分檢討，制定合乎企業目的和方針的程序。一般而言，CIS 流程通常以 CIS 導入計劃的形式表現。

　　各公司的 CIS 導入計劃內，會依企業特性和問題特性而有所不同，但其原則性的流程則大致相同，均可劃分為「調查」、「企劃」、「實施」3 大步驟。調查工作必須把握現狀、觀測事實，並加以分析。許多公司在導入 CIS 時，事前調查作業不夠充分，因此無法掌握現狀，常製作出缺乏依據的企劃；這種企劃內容不合理，根本無法取得良好成效。

　　企劃必須以調查結果為基礎，配合基本理念，根據施策方向和表現重點而提出構想，同時為了利於施行作業，最理想的企劃是明示出具體可行之道。CIS 的實施階段是根據企劃內容，以新理念為基礎而開發出新的識別系統，並且採用此新系統對公司內外發表。

　　CIS 導入計劃有其預定的實施期限，且包括許多複雜的項目，必須循序消化，才能得到合理的結論和優秀的視覺系統。此外，為

了配合企業目的，在計劃階段應注意如下各項：

1. 進入實施成果階段前的期間不可太倉促

所謂「先下手為強」，企業活動也是如此。但是在公司確認 CIS 的導入方針後，如果倉促而機械地勉強排定計劃，反而會產生反面效果。有些公司的總經理或高級主管不瞭解此點，一定要按照排定的期限，訂立勉強的流程計劃，以便配合公司週年慶的紀念日等情況。其實，配合週年慶來發表 CIS，意味著必須在期限內辦理很多事項，包括「方針的確定」、「公司名稱的確定」、「企業標誌的確定」、「基本設計系統的確定」、「對外界發表」、「適用設計的相關事宜告一段路」……等，為了節省時間，而計劃把這麼多的工作勉強在倉促的時間內完成，容易變成一份難以實行的 CIS 計劃表。

2. 設計開發作業的時間不可太倉促

CIS 的設計開發作業中，最重要的是在基本設計開發的期間，必須由參加設計者充分地加以檢討。在設計開發作業的最初階段中，為了讓大家能提出優秀的構想、作設計造型的探索等，一定要安排充分的檢討時間；之後，進入實際作業時，也必須有足夠的時間，不可訂立機械性的不合理計劃，強迫工作人員倉促趕工，使得施行作業困難重重。

3. 要循序推進 CIS 作業

CIS 的計劃過程、背景，導入的必然性和成果等結論，以及 CIS 開發的經過，都必須利用對內、外發表的機會加以反覆說明，絕不可馬馬虎虎地推行 CIS，喪失公司本身對員工和外界人士的說服力。尤其在推進 CIS 計劃時，有關企業問題的探索、調查工作、根據調查結果而作判斷的過程，若進行得不理想，日後便很難對內部

員工或外界人士說清楚,同時也會使得 CIS 的成效不明顯。因此,不論高級主管們如何要求趕工、趕時間,CIS 作業都必須確實執行,重視邏輯整合性而循序漸進。

4. 變更公司名稱、品牌時,必須辦理法律手續,制定充足的作業時間

公司名稱的變更須通過股東大會決議,而品牌的更新也須辦理有關商標權的法律手續。尤其是商標權的確定,如果辦理得不順利,往往會歷經 2、3 年的時間;這種花時間的作業,事先必須考慮週詳,才能制定出實用性高的 CIS 計劃。

5. 發現 CIS 計劃不合理時,應盡速重新制定

CIS 計劃的流程安排,必須考慮前後作業間的關聯性,因為前面的作業結果必然會影響到下一步作業。根據調查結果,有時也須安排追加調查;綜合性的檢討結果,有時會產生需要變更公司名稱的情況;識別系統的企劃,也會影響設計開發的條件;有些設計須先做各種測試,或重新進行設計開發作業。因此,如有必要,應重新編列流程圖,如果一開始就想制定出完美的流程圖,可以說絕無可能。所以,負責的相關人員應時常考慮實際狀況,出現必須追加或刪改的重要作業時,應毫不猶豫地重新計劃,務必製作出最適當的計劃;這就是正確的管理概念。

第 三 章

企業識別系統(CIS)的調查

1 CIS 調查的程序

　　CIS 調查的程序分為調查準備、調查實施和調查結果的處理等三個階段。每個階段的工作都是有承續性的，準確地把握好每個階段的作業內容與採用適宜的方法，是 CIS 調查得以圓滿完成的基本條件。

一、調查準備階段

　　步驟一是調查準備階段。調查準備階段主要解決調查方針的確認和調查對象、調查方法的確定等問題，並在此基礎上制定出切實可行的調查計劃。

1. 調查方針的確認

調查方針的確認是企業實態調查的起點，它為整個調查指明了總的方向和目的。調查方針的確認首先面臨的任務是確定調查範圍。具體的工作包括下達任務、查閱文件、召開小型座談會、訪問專家、分析公眾等，最後確定調查課題。

在進行企業實態調查中，任何一個問題都存在著許許多多可以調查的事情。除非對該問題做出清晰的定義，否則搜集資訊的成本可能會超過調查得出的結果價值。因此，在選題時，應該儘量使所選題目具體化。

另外，在選題時還必須注意常規形象調查課題與針對性調查課題的關係。一般的常規形象調查是必要的，但也要依企業情況，作針對性的調查，這種針對性的調查更為有用。選題應該包括對針對性課題的確定。

2. 調查對象的確定

⑴調查對象的範圍確定。企業內部的相關者：企業領導人、股東、企業員工、員工的家屬等。企業外部的相關者：銷售對象（包括銷售商與直接顧客）、交易對象、經銷商、有業務往來的企業、顧問公司與廣告公關公司、工商行政與稅務管理人員、新聞機構與有關研究人員、一般消費者、學生、有關地區居民等。

⑵調查對象的抽樣方法確定。問卷調查的對象必須通過抽樣方法而選取，抽樣的方法一般分為隨機抽樣和非隨機抽樣。企業實態調查中採用那種抽樣方法，應當結合具體調查項目的特點和要求來確定。根據抽樣調查的方法來確定調查對象，就是從需要調查的總體中，抽取若干個體即樣本進行調查，並根據調查的情況推斷總體

特徵。

隨機抽樣就是調查對象總體每個個體都有同等機會被抽取出來作為樣本。隨機抽樣又有多種方式，主要包括簡單隨機抽樣、分層抽樣、分群抽樣等。

簡單隨機抽樣是最基本、最簡單的一種抽樣方式。這種方式就是對總體的每個個體不加任何分類，只給一個編號，然後隨機抽取。抽到那一個號碼就是被抽出來的樣本，抽取達到預定樣本數，抽樣工作即告結束。最後，根據對樣本的調查分析，對總體做出判斷。

所謂分層抽樣就是根據調查目的將調查總體按照某種特性分成若干組，每一組稱為一層，然後從每一層中提取簡單隨機樣本組成總樣本。一般按照各層總體單位數佔整個總體單位數的比例來決定各層所應該抽取的樣本數。

分群抽樣就是先將調查總體分成若干個群體，然後從中隨機抽取一個樣本數，再從這個樣本群中隨機抽取樣本。分群抽樣適用於總體所含個體數量龐大而且比較分散的情況。當調查對象數量龐大且混亂難以按一定標準分層時，就只能按地區等特定進行分群。因此分群抽樣所劃分的群體中，包含具有各種不同特性的個體，這同分層抽樣具有完全不同的特點。

由於隨機抽樣遵守隨機的原則，客觀上使樣本總體具有較強的代表性。但是，隨機抽樣的技術性強，調查時間和費用較多，有時會給簡單的調查活動帶來不便，因而 CIS 調查人員經常也採用配額抽樣、任意抽樣和判斷抽樣等非隨機抽樣方法。

配額抽樣有些類似於分層抽樣，是以社會經濟的各種特徵為標誌對研究總體進行分組，如年齡、性別、社會階層、收入、職業等，

然後按定額或比例在各組中選擇樣本單位進行調查。

任意抽樣的樣本選擇完全是根據調查人員的方便而定。例如，在某一個場所向行人或顧客直接進行詢問和調查。任意抽樣是企業實態調查中最方便、最經濟的一種方式，但是，由於抽樣偏差較大，其可信度也最低。一般在試驗性調查時採用，而在正式調查時則很少採用。

判斷抽樣是調查人員根據調查目標，主觀的確定具有某種代表性的樣本。這種方式調查結果的回收率較高，但由於是主觀判斷抽樣，易產生代表性偏差。

3. 制定調查計劃

調查計劃是 CIS 調查的行動綱領。一般包括調查課題、調查重點、調查方法、樣本數、調查執行者、調查日期、調查費用預算等內容。

在進行調查之前，可以做一調查計劃表。調查計劃表包括：編號、調查對象、調查的目的和重點、調查方法、區域、樣本數、時間等，在設計調查計劃時要提出有關數據來源、調查方法、調查工具、抽樣計劃和接觸方法的意見。

資料來源包括第一手資料（原始資料）和第二手資料。通常從搜集第二手資料開始調查工作，並據以判斷調查項目或問題的解決情況。第二手資料為調查提供了一個起點，但所需要的資料可能不存在，或所掌握的資料可能過時、不正確、不完全或不可靠。在這種情況下，CIS 專案人員就必須花費較多的費用和較長的時間，去搜集第一手的資料。

搜集第一手的資料的方法很多，有定量的方法，也有定性的方

法，要根據所調查的項目的具體情況加以選擇。調查表或問卷是用於搜集第一手資料的最普遍的工具。調查表或問卷需要認真仔細的設計、測試和調整，然後才可大規模的使用。

　　CIS 專案人員在制定調查計劃時還必須設計一個抽樣計劃，包括抽樣單位、樣本大小和抽樣程序等，以明確應該向什麼人調查，應該向多少人進行調查和應該怎樣選擇被調查者的問題。此外，還要決定如何接觸被調查對象，是問卷調查，還是直接訪問等。

二、調查實施階段

　　步驟二是調查實施階段。調查實施階段的主要任務，是組織 CIS 專案人員按照調查計劃的要求，系統的搜集資料和數據，聽取被調查者的意見。這個階段包括採訪調查對象、派發並回收調查表或調查問卷，搜集識別樣品等調查活動。

1. 直接訪問調查的要點

　　⑴訪問的範圍應該適當。特別是直接訪問企業領導人時，實施訪問者應該將訪談內容的提綱提前交給企業領導，在獲悉他們確已做好準備，且能充分提供訪談資訊的前提下，才能擇時造訪。當然訪問的時間也應該預先告知，供對方選擇。

　　⑵訪問的內容必須圍繞重點。

　　⑶調查訪談的形式可以是個別訪談或交談，也可以是群體訪談。個別訪談要採取平等、對應、尊重的態度，且宜採取溫和拉家常的方式。談及的內容必須事先設計好，問題的提出應該深入淺出，通俗易懂，切勿理論性太強。群體訪談也必須事先充分準備，擬定

詳細的調查座談提綱，以提高訪談效率。

2.問卷調查的要點

在問卷調查實施中，一般分為發送問卷、訪問問卷和郵寄問卷三種。具體採用那種形式，要依據調查的具體情況而定。如果是入戶調查應該注意以下事項：

⑴事項做好充分準備，包括帶好問卷、身份證和介紹信，準時赴約。

⑵服裝整潔，儀表舉止大方有禮。

⑶對方對問卷有疑問時，應該儘量設法消除疑慮，但注意採用溫和態度。

⑷調查人員不應該對問題的含義妄加評論，更不應該用自己的暗示影響對方的回答。

⑸嚴格按照問卷回答，不得自行刪改、變更或更換問卷。

⑹遇到特殊的外界干擾的情況，調查人員要冷靜處理。

3.現場實地考察的要點

調查者深入到企業工作現場，能夠直觀感受企業的環境氣氛、員工的精神狀態和現場管理作業秩序等。要注意調查目標明確，在實地走訪之前應當預先安排好訪問的內容和時間，以便使被調查者能夠有所準備，同時也可避免調查過程中的不便和麻煩。

三、調查結果處理階段

步驟三是調查結果處理階段。調查結果的處理是對調查資料的分析和總結。這個階段的工作主要包括資料的整理與分析和撰寫調

查報告，是 CIS 調查能否充分發揮作用的關鍵一環。因為這一階段的工作如果草率從事，會導致整個調查工作功虧一簣，甚至前功盡棄。

1. 資料的整理與分析

資料的整理與分析主要是對調查所得的原始資料進行分類、編校、統計、分析。分類要詳細、科學，編校要消除資料中的錯誤和不準確因素，統計與分析要運用數理統計等方法，並用統計圖表等形式把分析結果表達出來。通過「去粗取精、去偽存真、由此及彼、由表及裏」的整理分析過程，做出合乎實際的結論。

⑴資料整理。將調查搜集到的資料進行科學加工、綜合，使之系統化，這項工作一般包括調查資料的審查、資料分類與匯總和編制統計表等三方面內容。調查資料的審查主要是審查通過問卷或採訪搜集到的資料是否準確，是否符合客觀實際；調查資料的搜集是否完整、全面；資料與資料之間是否存在矛盾；問卷回收率與項目回答率是否符合要求。資料分類與匯總主要是對調查對象的答案與採訪內容進行正面與負面印象、肯定程度與否定程度的分類，然後通過人工或電腦進行匯總。在分類與匯總的基礎上編制統計表，為統計分析奠定基礎。

⑵統計分析。統計分析就是根據已整理好的調查資料進行有目的的系統分析，主要就識別性、統一性、形象值側重、認知度、形象管理的有效性等問題進行專題分析。識別性問題是通過對調查資料的系統整理，判斷該企業的諸印象因素是否具有鮮明的個性，給人以美好的、深刻的印象。如果是識別性不強，分析是什麼原因造成的，是總體形象有問題，還是設計落俗套或雷同，還是諸形象項

目不協調甚至相互矛盾。以識別為目的的各形象項目之間，必須具有個性的一致性，否則就會失去企業形象的表現效力。如果企業的總體形象與基本設計因素風格不符甚至矛盾，企業品格與品牌形象相矛盾，都會出現統一性問題。不同行業的企業的形象值有不同的側重，或外觀形象，或技術形象，或市場形象，企業形象系統的表現側重點必須與企業的行業特徵相一致。企業形象認知度的高低是企業形象的直接表現。從應用設計因素的審查與總體形象有關項目的調查結果中，發現形象管理的現狀與有效性問題。

2.資料調查的分析

⑴企業的認知：該企業使相關者有什麼程度的認知？與競爭對手比較，該公司認知的基準是什麼？相關團體對細節的認知程度標準是什麼？認知程度與其他的因素有無相關性。

⑵企業傳播途徑與媒體：該企業以那種傳播途徑與媒體的比例較多？與競爭對手比較，該企業的傳播途徑或媒體有無特點？與相關團體的區別是什麼？

⑶規模形象：可以看出該企業是什麼規模的企業？與相關團體企業規模感覺差異到什麼程度？

⑷企業種類形象和經營特性形象：可以看出該企業是那種營業特性、企業種類？實質和形象差異有多少？相關團體的差異有多少？

⑸品牌認知：對該企業的品牌認知是什麼程度（絕對評價、相對評價）？有沒有和競爭對手間的品牌認知產生混亂、誤解的情形？到什麼程度？有否認清品牌的認知程度與品牌業績或市場佔有率的相關性？

⑹品牌傳達途徑和媒體：品牌以那種傳達途徑、媒體才能被大眾所熟悉？與競爭對手比較，該企業的品牌有何特點？

⑺基本形象：在基本形象的水準上，該公司帶有何種形象評價、構造？與競爭對手比較時,基本形象各軸的表現位置是什麼樣？基本形象和其他原因（業績、認知、輔助形象等）有何相關性？

⑻輔助形象：帶有該企業鮮明特色的形象各軸是什麼？該企業的形象平衡表又是怎樣狀態？與競爭對手比較時形象地位怎樣？輔助形象的共通因素是否被認定？

⑼負面輔助形象：帶有該企業最不受歡迎特徵的形象軸是什麼？與競爭對手相比較有什麼負面輔助形象？與負面輔助形象相關的其他因素，被認定為相關或是不相關？

⑽對企業名稱的評價：怎樣評價該企業名稱的競爭力？評定企業名稱的相關團體是什麼階層？被評價的水準如何？

⑾對企業名稱標識字的評價：怎樣評價目前企業名稱標識字的識別競爭力？那類的相關團體在認定有關企業名稱的標識字？

⑿對標誌設計的評價：如何綜合判定該企業目前標誌設計的識別競爭力？是那種相關團體在對標誌設計作公平的認定？

⒀對形象設計及標準色設計的評價：對所在產業來說，能否提出有效的形象設計或標準色設計？是什麼樣的？

⒁對商品的評價：該企業商品競爭力的評價如何？對相關團體而言，商品評價的標準是什麼？

⒂對銷售、服務的評價：該企業銷售競爭力的評價怎樣？對地區或相關團體而言，銷售力評價的標準是什麼？

⒃交易商對企業的評價：交易商對企業的經營體制及特長的評

價是什麼？與競爭對手比較，該企業有什麼顯著的特色及水準？

⒄員工對企業的認識及評價：員工對自己企業的形象有什麼信心、認識（絕對評價、相對評價）？企業外部關係者的評價與企業內部自己的評價有那些意見分歧？不同階層區別對事情狀況的認知和分歧是什麼？在員工的不同階層及屬性差別中對意識問題的觀感如何？員工對企業的理想境界有何設想？

⒅主要理念及基本經營方針：主要的經營環境認識、危機意識是什麼？主要的經營理念及價值觀是什麼？今後主要的方針是什麼？企業內部主要的意識問題是什麼？

⒆在辦公室及工廠的問題：與 CIS 有關的辦公室及工廠問題是什麼？有關工廠的法則及資訊傳達的狀況怎樣？在工廠，相關的識別問題是什麼？

⒇識別系統的問題點：該企業及品牌水準的識別規則或識別原則是什麼？識別系統有無問題或矛盾？

(21)資訊和識別項目的構成及特性：該企業的資訊項目如何分佈，其特長是什麼？該企業重要的項目是什麼？標誌等設計要素的應用狀況如何？有何缺點？

四、CIS 調查的內容

步驟四是 CIS 調查的內容。CIS 調查包含企業形象調查、項目調查、企業營運狀況調查、社會環境調查等方面內容。其中企業形象調查工作量較大，是 CIS 調查的重點。企業形象調查是對企業內部與外部形象資產的構造、效力進行的全面系統的調查。一般企業

往往沒有現成的系統資料，CIS 專案人員需要進行原始資料的搜集、調查。

　　企業基本形象調查包括對企業知名度、美譽度和信譽度的調查，是重點調查存在於調查對象感知評價領域中的印象，它是由企業內在實質系統的各個識別因素造成的企業總體特徵。諸如企業的業績如何，經營理念如何，管理、營銷能力如何，員工的行為是否積極向上等等因素，都能造成某個人或某個群體對該企業的綜合性印象。

1. 企業知名度調查

　　所謂知名度，是指企業的名稱、建築外觀、標識、產品特點、商標及商品包裝等被公眾知道、瞭解的程度，以及社會影響的廣度和深度。這些可以作為評價企業名聲大小的客觀尺度。要想瞭解和考察企業的知名度，可以通過以下途徑：

　　⑴企業在各類權威機構或重要雜誌中評估公佈的企業排名情況。

　　⑵企業在經營管理、經營特色、產品質量、新產品開發等方面獲得的榮譽和權威認證。

　　⑶新聞媒介對企業所作的報導，以及由此產生的影響。

　　⑷發起或參與的各類有影響的社會公益活動及其產生的社會效果。

　　⑸消費者及公眾對企業的認知程度。

　　⑹經營理念被公眾傳播的情況。

2. 企業美譽度調查

　　所謂企業美譽度，是指企業獲得社會公眾信任、讚美的程度及

評價,是評價企業優劣程度的重要指標。考察企業美譽度的指標體系比較紛繁,但是進行一些個案分析和抽樣調查還是比較容易的。同時,也可以通過訪談、問卷等形式,獲取社會大眾對企業的評價。

知名度主要是衡量輿論評價量的大小,不涉及輿論的質的價值判斷。企業知名度高,其美譽度不一定高;反之,企業知名度低,也不一定意味著其美譽度就低。良好的企業形象應該是將知名度和美譽度都作為追求的目標。

3.企業信譽度調查

企業的信譽度,就是指消費者及公眾對本企業產品、價格、服務方式等歡迎、滿意及信任與否的程度。企業信譽度調查就是了解公眾對企業的運作經營管理、人員形象、社會活動、環境意識等的評價情況。

公眾對企業形象的認同,往往因各自的社會地位、對企業的瞭解程度、認識水準的不同而呈現差異,所以,應該注意識別公眾意見的代表性和正確性。另一方面,信譽感好,一般是企業已經得到了肯定的評價,而大眾接受的程度也已經確定。但是,即使是肯定性的評價,也有程度和階段之分。信賴感的強度往往是和企業實績成正比的。

事實上,以上所說的知名度、美譽度和信譽度這三者都與企業的業績高低有關。因此,這種適用於每一行業跟業績有關的形象被稱之為「基本形象」。企業應該時刻掌握這類事關企業形象的基本要素,作為市場活動的參考,也可依此瞭解潛在資產。基本形象對企業活動的展開,具有決定性的影響,所以,準確把握本企業在公眾心目中留下的基本形象,是企業形象調查活動中非常重要的內容。

4.企業基本形象調查要點

企業基本形象的調查要點主要包括以下 10 個方面：

⑴當前那些人是認知企業的相關者？如何認知？有什麼形象評價？

⑵與其他同業的企業活動比較起來，本企業形象中最重要的項目是什麼？

⑶消費者及公眾對本企業的總體印象怎樣？那些地區對企業的評價好？那些地區的評價不太好？理由與原因有那些？

⑷對本企業貝有好感的團體的特性是什麼？形成好感的要素是什麼？沒有好感的團體的特性是什麼？造成沒有好感的團體的要素又是什麼？

⑸日前企業的商品和服務的競爭力處於什麼水準？

⑹消費者及公眾對企業形象的評估，是否與本企業的市場佔有率相符合？如果不符的話，影響要素都有那些？

⑺與企業往來的相關企業最希望為其提供那些服務？對企業的活動有什麼意見？

⑻企業對外界發送的資訊項目中，在資訊傳遞方面最有利的是什麼？

⑼企業的形象有什麼缺點？未來最良好的形象應該怎樣構造？

⑽現有的視覺形象設計要素的有效程度如何？為什麼有效或效果不好？

2 撰寫 CIS 調查報告書

　　經過系統調查分析之後，有關調查成果應該形成文字材料，這就是調查報告書。在調查報告中要把所瞭解到的有關企業形象的狀況、問題都闡述清楚。

　　一般而言，調查報告書的結構由標題、導語、正文、結尾四部份組成。

　　⑴標題：CIS 專案調查報告書的標題，一般要求標明調查對象、內容範圍或報告的主旨。標題必須具體、明確、簡潔、醒目。

　　⑵導語：導語由兩部份構成，一是簡述調查活動的一般情況，包括調查動機、目的、事件、地點、調查單位、內容範圍、調查方法與步驟。二是概述本報告書的主要內容，核心地點，可包括現狀總結、主要問題、結論等。

　　⑶正文：正文是調查報告書的主體，著重反映調查分析的成果，一般按照事實描述、統計分析、揭示問題、提出建議四個層次展開。應該注意總體的概括性，用數據說話，用事實說話，但不宜太繁瑣，以總結為主。

　　⑷結束語：結束語是上述調查報告陳述內容的一種結論。調查報告的結束語最好採取開放形式，提出富有啟發性的問題。

　　一般情況下，CIS 調查報告應該重點解析的問題有：目前企業

的知名度與美譽度如何？目前企業形象的要素如何？企業在那些方面工作不妥？公眾對企業有那些要求？

如果企業實態形象不盡如人意時，調查報告應該說明以下問題：目前企業面臨的最主要的形象危機是什麼？形象危機中有那些利害關係？形象危機產生的原因是什麼？問題發生在企業工作的那一個環節？發生的時間和地點？誰是主要責任者？那些公眾受到影響？其影響程度如何？問題發生的過程是怎樣的？問題的發生對企業自身有那些影響？其影響程度如何？

心得欄 _____

_____

_____

_____

_____

3 CIS 總概念的內容規劃

當 CIS 調查作業結束以後，CIS 總概念的規劃則是一項關鍵的任務。總概念報告書是給企業決策層的建議書，其規劃質量直接影響到整個 CIS 規劃設計的成敗。因為其後的具體規劃設計將以總概念為基準，體現總概念中規定的方針和精神。

關於總概念的內容可以歸結為：調查結果的要點、本公司的 CIS 概念、具體可行的策略、CIS 的設計開發要領、與 CIS 有關的補充計劃五個方面。

一、調查結果的要點

扼要整理出事前調查的結果，對其中的重點加以解說。調查報告書已對調查實況進行了整理、綜述，總概念設計就是在調查報告的基礎上對調查要點的整理。總概念報告書把重點放在問題上，問題是總概念的發生點。關鍵在於下列兩方面：

⑴根據企業實態調查情況，經過系統思考，擬出一份能夠涵蓋企業實態，又與企業形象識別系統相關的問題要點稽核表。問題點包括：企業業績標準及問題點；情報活動的問題點；有關投資規模的問題點；企業基本形象的問題點；企業輔助形象的問題點；企業

內部宣傳報導的問題點；經營理念及方針的問題點；其他有關問題
點。

　　(2)根據調查結果的綜合性判斷和企業實態的問題點，探討針對
這些問題的可能性對策，構築企業今後的活動和企業形象創意。包
括企業應有的成長方向；今後企業應有的形象；為實現上述形象所
應有的基本條件；本企業對外宣傳報導的方法；有效形成受歡迎的
企業形象的基本要素設計條件；在企業形象變革時企業實體隨之變
革的必要條件等。

二、本公司的 CIS 概念

　　包括本公司未來的作風、理念、形象、活動領域、方針、重要
概念等，必須把公司未來的概念做完整扼要的敘述。CIS 概念是 CIS
系統的核心，它應該明確企業的理念、形象特徵，以及有關 CIS 開
發的重要概念與方針。

　　企業理念是企業整個經營的內核。CIS 創意中設定的理念，應
該包括企業的存在意義、經營方針和行為基準三大類內容。企業的
存在意義要明示企業的事業核心，其經營性質、領域、目標與社會
文化是什麼；企業的經營方針是企業如何實現其存在意義與價值的
方針與方法；企業的行為基準是將經營方針落實到企業員工實際工
作中的一系列規範準則。

　　除了企業理念規劃外，企業未來的概念還應該包括下列內容：
企業理念書籍；企業今後資訊傳遞或識別的必備條件；企業名稱的
提案；識別系統及設計開發的基本概念；總概念圖表。

三、具體可行的策略

為了具體地表達上述概念，企業應該列出實際可行的做法，總概念的貫徹實現必須依靠一整套具體可行的做法，不同企業由於其特殊性導入 CIS 的策略重點也不同。形象因素缺乏識別性和一致性的企業，應該從理念到設計，加強價值的明確性，識別的鮮明性和統一性。企業名稱、標識有不合時代潮流的企業，應該以更新企業名稱、標誌，並配合推廣宣傳為策略重點。

企業還可以根據具體情況整體或部份導入 CIS，或把 CIS 重點放在理念建設上，或把重點放在行為識別的規範化上，或把導入 CIS 的基本設計與應用設計系統作為策略重點。

四、CIS 的設計開發要點

具體而詳細地記載 CIS 設計開發計劃，使它能立刻展開作業。通常在記載中會明示「設計規範」。

依據企業的總概念，設定本企業的基礎設計方向或設計規範，其內容包括：確定標準色、標準字體的聯想範圍與象徵意義、色彩計劃、新標誌、新商標的風格特徵等。這些都體現在企業的設計計劃中。

日本美津濃公司導入 CIS 的總概念中提出的設計計劃，很具有參考價值。

⑴決定新字體標誌：依企業基本方針而決定統一性字體標誌。

其設計概念如下：

形象：可表現運動的開朗性和健全性。

恒久性：可應付 21 世紀 80 年代到 21 世紀的時代變化。

社會性：合乎傳統一流廠商的運動用品格調。

國際性：適用於世界著名運動廠商的國際性設計。

時髦性：符合時代潮流所需。

⑵公司標準色：採用藍色二色調（鈷藍色和天藍色），表現運動的速度感和新鮮感，也表達企業的嚴正格調及穩定性。

⑶企業標語：從職業到業餘都屬於運動世界。在日本、世界各角落的運動場都有美津濃的形象存在，表現出要創造運動文化的氣氛。

除了設計開發計劃外，還要做出企業對內、外的資訊傳播計劃。傳播計劃的制定應該考慮的基本項目有發佈的對象、範圍、媒體選擇、活動安排、發佈日程等。

心得欄 _____

_____

_____

_____

_____

4 CIS 的戰略策劃

企業形象的戰略策劃，以調查分析的結論為依據，對戰略目標、企業定位、表現企業形象的活動計劃及其實施方案等內容進行籌劃。

一、確定企業形象策劃的目標

戰略目標是制定企業形象戰略的依據。目標不同，具體的戰略措施也不相同。在調查分析的基礎上準確地選定戰略目標，是合理制定 CIS 戰略的關鍵。CIS 戰略的目標有以下幾種：

1.鞏固現有的企業形象

對於具有良好企業形象的企業，戰略重點應放在如何在現有形象基礎上發揚光大，完善和提升現有企業形象。良好企業形象的表現主要有：

①經營者素質高；

②產品信得過；

③價格合理；

④服務熱情週到；

⑤為顧客著想；

⑥居行業領先地位；

⑦誠實、可靠、可信、效率高等。

2.改善企業形象

對於形象較差的企業，則必須針對企業存在的問題及問題的癥結，通過艱苦細緻的形象塑造，從內部到外部徹底改變社會公眾對企業的看法。改善消極的企業形象是企業形象策劃目標中最困難的一種。企業消極形象的表現主要有：

①服務質量差，不友好；

②產品質量差，偽劣產品多；

③價格不合理；

④管理不善，沒活力，髒、亂、差；

⑤不講社會公德，不堪信任等。

3.重新塑造企業形象

對於缺乏特色、形象模糊的企業，必須通過 CIS 策劃，突出企業優勢和特色，重塑新的企業形象。

二、確定企業形象定位

企業形象定位是指企業獨特的精神、文化或經營風格在公眾心目中形成的獨特形象和地位。它分為企業定位、市場定位和產品定位三個相互關聯的部份。

企業定位是指企業想在社會公眾心目中形成的總體形象和地位，它是企業根據宏觀營銷環境、競爭者的定位及企業自身的實力，選擇自身的經營目標、經營領域和經營風格，為自己確定的位置，

如麥當勞是為消費者提供速食食品及其相關服務的企業，沃爾瑪是零售業中的領先者。

市場定位是在現有業務領域內，根據消費者需求、競爭者定位及自身的實力所確定的經營對象和經營風格定位。

產品定位是指企業產品在目標顧客心目中的形象和地位，是根據目標市場消費者的需求偏好及企業自身的實力所確定的企業產品的獨特形象和地位。例如，健力寶飲料定位為能增強體力的運動飲料，潘婷是頭髮營養專家。

三種定位各有側重，密切相關，既可從不同層次上進行定位，形成一個層層深入的定位系統，又可將三者有機結合，融為一體，形成一個整體定位。

根據企業的經營特色、社會公眾對企業的某些特徵的重視程度以及同行業競爭者的現有定位，選擇突出自身特色、獨闢蹊徑的「避強定位」方式，或者與主要競爭對手進行「結對競爭」的「迎頭定位」方式，或改變自我形象的「重新定位」方式等，來確定企業在社會公眾心目中的特定位置和印象。

三、選擇和確定塑造企業形象的戰略計劃

根據企業定位，策劃表現良好企業形象的有關戰略及內、外部活動計劃：

第一，根據企業形象塑造戰略的目標要求及定位，對 CIS 戰略的各個組成部份，特別是 BI 部份，制訂出長期戰略和短期活動計劃。

第二，制訂企業形象計劃的實施方案和管理辦法。

　　第三，確定各項活動的具體活動方式，所需時間及日程表，所需經費，各項活動的負責人及主辦、協辦單位等。

心得欄

_____

_____

_____

_____

_____

_____

第 四 章

企業理念識別系統(MI)

1 CIS 設計的內容要素

　　CIS 計劃是一種以企業形象為主，徹底掌握視覺上設計系統的一種技法。因此，以往所作的調查、企劃，最終若不能以視覺開發計劃的方式來表現，將會失去意義，如果在視覺上的成效不佳，那麼以前的一切努力終屬徒勞。

　　在企業形象方面，先調查現狀及考慮經營戰略的整合性後，再策定今後的形象表現。這是一種追求「合理性」的作業方式。根據這種結論，那麼開發卓越的計劃就是一種追求「感性」的作業方式。就此觀點而言，CIS 計劃是透過追求「合理性」到「感性」的方式，來達到質的轉變。當然，開發計劃中也包含識別系統計劃的設計，如此一來，經濟性和理論性就不容被忽視了。然而，感性的價值感

在創造、判定、選擇後，若缺乏維持此種價值的高水準之上的見識與能力，那麼 CIS 導入計劃將有失敗的可能性。

一、設計要素的種類

在 CIS 開發計劃上，首先從企業的第一識別要素上著手，也就是以基本要素的開發為先。其各自的定義及考慮如下：

1. 企業標誌

⑴通常是指公司的標章，企業標誌。

⑵對有營業商品的公司而言，是指商品上的商標圖樣。

⑶代表企業全體的企業標誌。

⑷抽象性的企業標誌、具體性的標誌、字體標誌。

⑸企業的標誌是否須帶有任何特性，是屬於總概念的企劃階段中提案表決的工作。

2. 企業名稱標準字

⑴通常指公司的正式名稱，以中文及英文兩種义字定名。

⑵以全名表示，或者省略「股份有限公司」、「有限公司」的情況亦可。

⑶依企業的使用場合來決定略稱和通稱的命名方式。

3. 品牌標準字

⑴足以代表本公司產品的品牌。

⑵原則上是以中文及英文二種來設定。

4. 企業的標準色

⑴用來象徵公司的指定色彩。

⑵通常採用 1～3 種色彩為主。也有採用多種顏色的色彩體系。

⑶可以考慮讓這種藉以傳達公司氣氛的色彩頻繁出現，或利用輔助色彩製造更佳的色彩。

5. 企業標語

⑴對外宣傳公司的特長、業務、理念等要點的短名。

⑵與公司名稱標準字、企業品牌標準字等附帶組合活用的情形也很多。

6. 專用字體

⑴公司所主要使用的文字（中文、英文）數字等專用字體。

⑵選定創作的專用字體，規定作為主要品牌、商品群、公司名稱及對內對外宣傳、廣告的文字。

⑶選擇主要廣告和 SP 等對外印刷情報所使用的字體，並規定為宣傳用的文體。

二、基本的設計體系

CIS 的企業標準通常如以下所設定的標誌系統，或是設計系統。因此，必須確定基本的設計要素，謀求視覺設計形象的統一及標準化。這種系統通常規定於基本設計手冊中。

1. 標誌的形式

⑴以企業標誌和基本設計要素組合，產生變化來使用。

⑵通常規定範圍以外標誌的展開運用，是不被承認的。

⑶通常所謂的標準原型是固定的、不變的；輪廓、線條等須擴大縮小的情況設定要完善。

2. 標誌和公司名稱

⑴企業標誌和公司名稱的組合用法。

⑵大部份的規定，均有法定的表現方式或略稱的方式。

3. 標誌和標語

規定標誌以及標語的組合用法。

4. 標誌、公司名稱和標語

⑴企業標誌和公司名稱、標語的組合用法。

⑵規定多種企業標準字共用的形式之組合狀況。

5. 標誌用法的審定敘述

⑴企業標誌和其他要素的應用規定。

⑵不進行規定以外的使用狀況。

6. 標準色使用系統

⑴規定主要的企業標誌和標準字的企業標準色運用情況。

⑵規定其他企業標準色的運用方法。

⑶不採用指定之外的色彩要素應用。

7. 專用字體

規定專用字體的應用方法。

8. 標誌、公司名稱和位址的識別系統

規定企業標誌、公司名稱及商標的組合用法。

9. 標誌、公司名稱、位址的識別系統

規定企業標誌、公司名稱（法定的識別）及公司位址的組合用法。

10. 公司名稱和公司所在地的識別系統

⑴規定公司名稱（法定的識別方法），及公司所在地的組合用

法。

⑵也可將企業標誌的組合規定穿插於其間。

⑶以另一方法來識別公司所在地是必要的。

11. 其他的識別規定

⑴此外，根據企業的特性、標誌及名稱等的特性來設定必要的規定。

⑵印刷、版面設計、尺寸、形式的規定。

⑶此外，規定其他的要素使用方法。

三、企業的應用設計系統

以企業的標準而言，來區分設計系統及品牌應用設計，並將企業的標準物作為運用時的優先考慮對象，如下列所示：

1. 公司徽章類

⑴公司全體人員使用的徽章、名片。

⑵公司的旗幟。

2. 文具類

⑴公司使用的文件、信封以及便條等。

⑵其他文具類。

3. 賬票樣式類

公司統一使用的事務用賬票樣式。

4. 車輛・運輸工具

公司共同使用的車輛、交通工具、運輸工具。

5. 服裝

公司人員的制服。

6.企業廣告、宣傳及征才廣告

⑴公司所作的企業廣告及宣傳等的視覺傳播。

⑵公司內徵聘新人的廣告相關事項。

四、關於品牌設計要素及企業識別

一般而言，公司商品的訊息傳遞（廣告、促銷、招牌、包裝等）是指品牌對外的傳達情報，而品牌傳達的情報設計系統又區分為基本及應用要素二種。與品牌有關的設計要素，也與企業的設計要素相同，都把「應用」的概念列為優先。以下是以企業為準的規定，舉例如下。

⑴品牌標誌。

⑵品牌名稱標準字。

⑶品牌標準色。

⑷品牌標語。

⑸品牌造型。

⑹其他附加的品牌要素。

另外標誌、標準字或設計體系與品牌類別的關係，可依下列方式參考。

⑴企業標誌和品牌標誌的標誌及標準字體組合。

⑵企業標誌和品牌標準字組合。

⑶品牌的項目彼此間的標誌、標準字體組合。

品牌之間與應用設計及應用設計系統的關係，以下列所舉例子

做參考。

⑴名片、文具。

⑵包裝。

⑶促銷工具。

⑷廣告。

⑸戶外招牌。

⑹車輛、運輸工具。

五、公司全體的識別系統

在代表公司全體的識別系統中，特別是指法定的、企業的部份；統一的品牌（代表品牌）及個別品牌的識別要素定義及次序。經由這個作業流程作成總概念的報告書記錄下來；然後再經過命名的程序階段，融貫整理作為設計開發的前置作業。

1. 法定的識別

⑴指公司的正式名稱。

⑵中文及英文名稱，要以全名識別並且附帶標誌識別。

2. 企業傳達識別

⑴公司名稱的傳達識別，一般將「有限公司」的稱謂刪除。

⑵只以企業標誌來識別，或是以標準字來識別也可以。

3. 代表品牌的識別

選擇足以代表公司全體的代表性品牌。

4. 主要品牌或商品群識別

⑴足以代表公司的主要品牌。

⑵足以代表部門、商品群的識別（未必一定要以品牌來識別）。

5.個別品牌

⑴各個單位的品牌識別。

⑵通常固定使用的標準字。

6.產品名稱

個別品牌上所附帶說明的品種、等級、規格識別。

2 企業理念識別規劃

　　企業識別系統的第一個核心是「企業理念識別」，一些企業感覺導入 CIS 一段時間後，卻未收到顯著的成效。究其原因，這些企業在內容上往往是注重視覺效果，輕視理念識別和行為識別。更有一些企業導入 CIS 只是將公司名字史改或設立新的標誌，做了一些表面性的工作，這正是 CIS 使人容易產生誤解的地方。還有許多企業在 CIS 實施上是重感性、重形式、重短期效果，而忽視內容建設和持續執行策略的探究。其實，CIS 並不是一種單純只為企業改變視覺識別形象的工具，而應當是最基本的理念以及活動方針、經營戰略等全部綜合概念的表達。因而一些明智的企業已經從早期通過追求轟動效應的傳播效果，給企業帶來巨額利潤，到現在回歸理性，將 CIS 視為企業形象建設的一項必須扎扎實實投入精力和經費的重要基礎工作。

我們是誰？為了誰我們應該怎樣做？如何去進行與表現我們想要做的事？這三個問題在任何企業都不可能完全相同，但是這三個部份共同構成了企業的理想，以此構築企業內外的新形象。

CIS 的成功導入，企業理念的確立最為關鍵。它的目的是為了使企業真正認清自身，並且必須使全體員工理解與認識達成共識，然後用形象來表現這種企業精神，用服務來體現這種精神。因此，CIS 規劃的開端是企業新理念的構築與確立，而不是首先著手進行標誌的設計。

一、企業理念識別的規劃原則

理念是指一種觀念、意識。理念的英語（mind）和德語（Idee）的含義是與肉體相對的頭腦、心（情）、精神、意識、見解、願望等。作為現代企業經營的一個術語，企業理念則是指企業的經營觀念、經營理念、經營意識等。古希臘的理念一詞（eidos 或 idea）是由 idein（看）演化而來，原意是一個人所看見的事物的「外觀」或「形象」。古希臘哲學之祖柏拉圖（Plato，西元前 427-347）創立理念論將其變成一個專門的哲學術語。柏拉圖所謂的「理念」是指理智的對象或理解到的東西，是對理念的客觀唯心主義本體論的解釋。

企業理念是能夠獲得社會公眾普遍認同的，體現出本企業個性特徵的，為促使企業正常運營及長足發展而構建的，反映企業明確的經營意識的價值體系。

企業理念可分為經營理念和行為理念。經營理念指的是為了實現企業目標而制定出來的企業規範，也是有效地分配經營資源和經

營能量的方針。行為理念則是要求將企業的生存意義、企業使命、經營理念轉換成員工的一種心態，並在日常的言行中體現出來，而制訂的明確易懂的組織規範，企業理念確立的目的是把員工組織規範在大家都能夠接受的範疇裏，為共同的目標與內容而努力。使企業領導層之間、幹部與員工之間產生凝聚力、向心力，使員工有一種歸屬感。這種凝聚力、向心力和歸屬感反過來又可以轉換成強大的力量，促進企業長足發展。

　　企業理念的不同和企業的關係協調、融洽與否，其經營業績是大不相同的。強調凝聚力的企業，必定重視企業內部的幹部教育、員工教育，時刻注意將全體員工個人的感情與企業的命運緊密地聯繫起來，使他們深刻感受到個人的工作、生活、發展等都離不開企業這個集體，從而與企業共榮共辱。

　　惠普公司創始人大衛‧帕卡德（David Packard）和威廉‧休利特（William Hewlett）確立了著名的惠普理念，從四個方面完整地構成了惠普發展的動力：第一，「以員工為導向」的企業價值；第二，追求商品品質的企業目標；第三，不斷進取、精益求精的經營方式和管理方式；第四，高科技與顧客導向的企業文化。

　　寶潔公司是美國蠟燭製造商威廉‧寶特（William Procter）與肥皂製造商詹姆‧詹柏（Jornes Gamble）於 1837 年合資成立的，這是兩個具有強烈宗教信仰和道德觀念的人，他們創建寶潔的三大準則至今仍然是寶潔理念的基本內容：只僱用具有優秀品質的人，所有高層都從內部選拔；支援公司員工擁有明確的生活目標和個人專長；提供支援和獎勵員工個人成長的工作環境。

　　創立 IBM 的沃森是一個清教徒，他提倡的「大家庭文化」為每

一個 IBM 員工制訂了嚴格的行為規範和道德規範,他制定的 IBM 理念也清楚地表明 IBM 是如何構造員工、客戶與產品這種金三角關係的:永遠保持對員工的尊重;不斷追求為顧客提供高品質的客戶服務;力爭產品精益求精。

企業理念是一個企業個性與共性的高度統一。帶普遍性的企業理念往往具有較強的時代特色,它不僅會在本企業起到很大作用,而且還會通過各種資訊管道滲透、傳播到關聯企業,對其他企業起到楷模的作用。

二、理念識別基本要素的規劃設計

在規劃設計企業理念時,需要將其具體化為理念識別的基本要素和相關的應用要素。理念識別的基本要素包含企業使命、經營哲學、行動基準和活動領域等四項。理念識別的應用要素主要包括企業精神、企業價值觀、企業經營方針和經營風格、企業形象標語和口號等。為了確立企業的識別性,必須明確構築以上這些理念項目,經過一定時期還有重新構築的可能。

企業理念的規劃設計需要發動企業全體員工共同參與,並遵循下列程序進行:⑴根據調查研究結果和企業遠景試作理念識別的基本要素,適當進行企業內外的測試;⑵參考測試結果對企業理念識別基本要素加以修正;⑶根據理念識別要素試作相關應用要素;⑷將試作的相關應用要素進行企業內外測試;⑸參考測定結果對理念識別應用要素進行修正;⑹將理念識別基本要素和相關應用要素彙編成企業的理念識別手冊。

1.企業使命

企業使命（Commitment）是企業依據什麼樣的社會使命進行活動的活動基本原則。企業使命是構成企業理念識別中最基本的出發點，也是企業行動的原動力。明確了企業使命，實際上也就明確了企業自身存在的意義。

一個企業不僅是一個經營單位，而且還是一個社會文化單位，它的生產經營活動是和整個社會聯繫在一起的。它不僅承擔為公眾製造產品和提供服務的功能，而且其活動還有著更加廣泛的社會和道德意義。因此，對於企業來說，其使命至少包含了兩個方面的內容：一是企業為了自身的生存和發展，必然要以實現一定的經濟效益為目的。其二是企業又擔負著全社會賦了給它的使命，為社會的繁榮、發展和人類進步盡它的義務。

企業使命表明企業存在於社會的主要目的，意圖和志向是企業的最高理想。因此，企業使命的設計必須能夠顯示企業的博大胸懷和遠大志向。對內，企業使命是引導和規範企業和企業員工的強大武器；對外，企業使命是企業向社會發出的宣言和承諾，反映了企業存在的價值，是引導消費者和社會公眾的一面鮮豔的旗幟。

為了明確企業使命，企業上下必須對諸如「企業的長期目標和短期目標是什麼？」、「企業的工作究竟是為什麼？」等問題達成共識。只有樹立明確的使命，才能滿足企業成員自我實現的需求，持續地激發他們的工作激情和創造熱情，才能贏得公眾更普遍持久的支持、理解和信賴。

2.經營哲學

經營哲學（management philosophy）是企業依據什麼來經營

的經營基本政策或價值觀。經營哲學是指導企業經營活動的觀念、態度。經營哲學直接影響著企業對外的經營姿態和服務態度，不同的企業經營哲學便會產生不同的經營姿態，便會給人以不同的企業形象的印象。

　　企業的經營哲學是通過企業具體的經營活動來體現的，公眾是通過企業的具體活動體味到、感受到該企業的經營哲學和經營姿態的。企業經營哲學的規劃要充分考慮企業的歷史、員工現實狀態、產品及其在同行同類中的位置等多種因素，並經過理論提高與提煉最終成形。

　　市場是企業經營管理的出發點和歸宿，是企業一切活動的依據，也是企業經營哲學的核心。企業家在確立以市場為導向的企業經營哲學的過程中，為適應資訊化的社會，必須強化對全體員工的學習、教育和培訓。所有成功的企業，它所確立的經營哲學都是從外到內、依據市場情況決定的。以市場為中心進行管理定位，不是一種簡單的、現行的、因果式的關係，而是一種互動式的關係。無論是滿足需求還是創造需求，企業必須建立與市場之間強有力的聯繫管道，建立快速、準確的市場訊息系統。現代企業通過多元化管道建立企業市場訊息系統已成為企業經營哲學的一項重要內容。

　　CIS 特別強調企業經營哲學的獨特性。現代企業經營哲學強調企業活動以顧客為本，因此許多企業都以滿足顧客需要為主題，把「用戶至上」作為企業經營的最高宗旨。然而，在「用戶至上」這個總的經營理念下，每個企業又可以保持自身獨特性的經營姿態。現在許多企業都在講「以人為本」、「追求卓越」，大量的企業把經營理念定位在「團結、奉獻、創造、求實、開拓、進取」等，顯得空

洞無物,更無法進行明確的展示。造成這種情況的原因,就是對企業經營哲學的形成過程缺乏認識。

經營哲學的規劃設計不是一項具體的業務或技術性工作,需要由企業主要經營者親自主持。能否為本企業確立一種正確的並具有特色的經營哲學,是對企業主要經營者的理論素養和實務能力的考驗。

3.行動基準

企業的行動基準(Policy of activity)是對企業內部員工應當怎樣進行活動的約束,表達了員工應當具備的基本心理和活動狀態。行動基準是企業內部員工在企業經營活動中所必須奉行的一系列行為標準和規則,包括企業的服務公約、勞動紀律、工作守則、行為規範、操作要求、考勤制度等都屬於企業行動基準的範疇。

行動基準的作用是使企業員工的行為保持在一定的規範內活動,使企業主體的行為活動成為一種可以預測、可以控制的行為。但是,作為準則、規範的設計者應該明確,準則不能以抑制員工積極性和創造性為代價。使員工感到反感的準則、規範和制度應該說其自身是有缺陷的。

4.活動領域

所謂活動領域(Domain),是指對企業在那些技術範圍活動或在那些商品領域活動等的規劃。簡單地說就是企業的活動範圍和企業的業務範圍。要在綜合性地考察了商品和銷售的成長性、市場佔有率、收益率等因素後,準確地規定出自己的產品區域、消費者群、技術品質等。這一點對於企業理念的確定尤為重要。企業使命、經營理念和行動基準是屬於企業理念的理論範疇,具體的實施、體現

需要在一定的活動領域裏完成。

活動領域的界定直接影響企業的發展戰略，同時決定了企業對未來的適應能力。活動領域明確化，以及重新界定實際上就是要求企業找到自身在社會之中存在的意義，以及企業的定位。通過這一明確化的過程，企業員工才會找到自己存在的價值和工作意義，企業的騰飛和振興才會有希望。從企業理念的確定來看，與其強調修正的產品導向或產品價值，還不如更明確地傳達產品對市場、事業或生活的貢獻。

企業的活動領域是會隨著時代的變化而不斷變化的。創業之初，組織的使命和事業領域是根據公司本身所生產的具體物品而定的。但隨著時代變遷，公司的活動領域不斷擴大，原先的企業使命就有可能逐漸模糊。此外，環境的劇烈變化，尤其是科學技術產業的變化也需要企業重新確定其活動領域。如今世界上最盛行的尖端技術產業 50 年後將會有什麼變化呢？沒有人能夠準確推測。但科學技術的進步趨勢必將產生更為尖端的技術來取代目前的尖端技術，這樣一來，尖端技術的產業就已經面臨著挑戰。在這種情況下，企業必須重新考慮自身的定位問題。

通過導入 CIS 就是要使企業自覺地對活動領域有一個重新思考的機會，就是要使企業的理念通過導入活動更加明確，更加具有識別性。從而為企業整個組織系統注入新鮮力量，達到組織活性化的目的，使整個組織系統更加嚴密協調，更具有自我調節能力，能夠適應時代迅猛發展變化的節奏。企業活動範圍或業務範圍可以從三個方面加以確定：⑴所要服務的顧客群；⑵所要滿足的顧客需要；⑶用以滿足這些需要的技術。

　　美國著名營銷專家希歐多爾·萊維特指出企業的市場定義比企業的產品定義更為重要。他認為，企業經營必須被看成是一個顧客滿足過程，而不是一個產品生產過程。產品是短暫的，而基本需要和顧客群則是永恆的。萊維特主張企業在確定活動領域或業務範圍時應該從產品導向轉向市場導向。

　　在制定一個以市場為導向的業務範圍時，要避免兩種傾向：過於狹隘或過於泛泛。企業在確定自己的活動領域或業務範圍時，牽涉到企業的產品價值和市場需求問題。從企業理念的確定來看，與其強調企業的產品導向或產品價值，還不如更明確的傳達產品對市場、事業或生活的貢獻。企業定位問題倘若表現得不夠明確，企業就容易被社會淡忘。

表 4-2-1　各企業活動業務領域

企業	產品導向業務定義	市場導向業務定義
露華濃公司	我們生產化妝品	我們出售希望
太平洋鐵路公司	我們經營鐵路	我們是人和貨物的運送者
施樂影印機公司	我們生產複印設備	我們幫助改進辦公效率
國際礦產化學公司	我們出售化肥	我們幫助提高農業生產力
標準石油公司	我們出售石油	我們提供能源
哥倫比亞電影公司	我們生產電影	我們經營娛樂
不列顛大百科公司	我們出售百科全書	我們從事資訊生產傳播事業
開利公司	我們生產冷氣設備	我們為家庭提供舒適的氣候

5.企業精神

　　企業精神是現代意識與企業個性相結合的一種群體意識，並以簡潔生動的語言形式加以表達。企業精神是企業的精神支柱，是企

業之魂。具有個性的企業精神，如同凝聚全體員工的粘合劑，是塑造良好企業形象恒定而持久的動力源。

企業精神的提出，要建立在對本企業發展戰略思考的基礎上，既特色鮮明又實實在在。每個企業都有自己的成長歷程，都有不同的企業個性。在提煉本企業的企業精神時，不必與其他企業雷同，而應當具有自己的特色。

企業精神具有以下基本特徵：⑴企業精神是企業現實狀況、現有觀念意識中積極因素的提煉；⑵企業精神是全體員工共同擁有的理念；⑶企業精神通常通過口號、短語、廠歌等明白表達出來。

在當代社會，參與、協作、奉獻已成為現代企業員工值得倡導的一種意志狀況和最高境界。各企業在提煉自身企業精神時可作為參考。參與首先指的是參與管理。參與管理是企業兼顧滿足員工各種需求和效率、效益要求的基本方法。員工通過參與企業管理，發揮聰明才智，得到比較高的報酬，改善了人際關係，實現了自我價值。而且由於員工的參與，改進了工作方式，提高了工作效率，從而達到更高的效益目標。

就人性而言，每個人都有自己的長處或短處，只要找到適合自己的工作並努力去做，每個人都將成為卓越的一員，企業家的職責就是幫助人們找到適合自己的工作崗位，並鼓勵他們努力去做。協作是現代企業精神所必須強調的重要內容。

6.企業價值觀

價值觀是人們心目中關於某類事物的價值的基本看法、總的觀念，是人們對該類事物的價值取捨模式和指導主體行為的價值追求模式。企業的價值觀是企業和企業員工共同的價值觀念，確定企業

與員工、員工與企業的價值取捨與價值追求模式。價值觀展現企業的經營哲學和行動基準；價值觀決定企業的經營方針和經營風格。許多公司都用簡潔的語句來表達其價值觀：人壽公司的核心價值觀：與客戶同憂樂。IBM公司的核心價值觀：尊重個人、竭誠服務、一流主義。

股東對企業擁有所有權，企業家對企業有控制、管理權，顧客和公眾通過購買企業產品，最終擁有對企業的監督權和否決權。員工通過參與企業民主管理行使自己的權力。如何看待股東、員工、顧客、公眾的利益，如何處理這些利益關係，一定程度上會反映出該企業的價值觀。

共同的價值觀會使企業員工凝聚成一個整體，並在工作中遵守企業的行為準則和道德規範，為實現企業的經營目標而努力。企業共有價值觀的形成是全體員工對企業所倡導的價值標準的認同過程。其培育方法通常以各種傳播方法灌輸給員工並制定遵循的標準。企業沒有共同的價值觀就是一盤散沙，沒有正確的價值觀，就不可能創造出巨大的經濟效益和社會效益。

企業的價值觀可以細化為：人才觀、服務觀、競爭觀、管理觀、質量觀、安全觀、環境觀、法律觀、發展觀、危機觀。根據企業的實際需要還可以制定：品牌觀、效益觀、道德觀、分配觀、成就觀、時間觀、科技觀、合作觀、團隊觀等。

7.企業經營方針和經營風格

經營方針是企業經營理念的一種表現形式。各種不同的行業公司方針的側重點不同。公司方針的選擇與企業的顧客、交易對象、地區分支機構等有關，從而確立適宜的企業方針。

企業經營風格是一個企業有別於其他企業的個性特徵，是企業在一貫行為中表現出來的內在品質。它是企業形象賴以樹立的基本要素。這種內在品質主要表現在企業信譽、企業管理、企業道德、競爭和企業文化等方面。企業的理念定位就是企業形象的統一性與個別性相結合的過程。這種個性即企業風格是理念識別的重要組成部份，是企業理念的展開。

8.企業形象標語和口號

企業形象標語和口號，是企業方針的濃縮感性表現形式，是將企業品牌的內涵、服務的特色、公司的價值取向，彙集一體，融會貫通，運用最精練的語言，描述企業的形象，反映和呈現企業追求的價值觀念。透過企業形象的標語和口號，可以向世人傳達企業的精神理念。

企業形象標語口號的設計必須體現企業的歷史傳統、經營特點和風格、企業理念、經營方針和企業文化，能在企業內部達成共識、認同，只有這樣才能自覺化為企業員工的行為指南，積澱成企業的價值觀和企業文化，從而樹立起鮮明的企業形象。

3 著名的企業經營理念案例

一、松下電器的經營理念

　　松下電器公司是日本第一家用文字明確表達企業精神或精神價值觀的企業，松下精神是松下及其公司獲得成功的重要因素。松下精神並不是公司創辦之日一下子產生的，它的形成有一個過程。松下有兩個紀念日；一個是 1918 年 3 月 7 日，這天松下幸之助和他的夫人與內弟一起，開始製造電器雙插座；另一個是 1932 年 5 月，松下幸之助開始理解到自己的創業使命，在第一次創業紀念儀式上確認了自己的使命與目標，以此激發職工奮鬥的熱情與幹勁。於是把這一年稱為「創業使命第　年」，並將這一天定為正式「創業紀念日」。兩個紀念日表明，松下公司的經營觀、方法是在創辦企業後的一段時間才形成的。

　　松下幸之助認為，人在意志方面，有容易動搖的弱點。為了使松下人為公司的使命和目標而奮鬥的熱情與幹勁能持續下去，應制定一些誡條，以時時提醒和警誡自己。於是，松下電器公司首先於 1933 年 7 月，制定並頒佈了「五條精神」，其後在 1937 年又議定附加了兩條，形成了松下七條精神：產業報國的精神、光明正大的精神、團結一致的精神、奮鬥向上的精神、禮儀謙讓的精神、適應形

勢的精神、感恩報德的精神。

　　松下精神作為使設備、技術、結構和制度運轉起來的科學研究的因素，在松下公司的成長中形成，並不斷得到培育強化，它是一種內在的力量，是松下公司的精神支柱，具有強大的凝聚力、導向力、感染力和影響力，是松下公司成功的重要因素。

　　這種內在的精神力量可以激發與強化公司成員為社會服務的意識、企業整體精神和熱愛企業的情感，可以強化和再生公司成員各種有利於企業發展的行為，如積極提合理化建議，主動組織和參加各種形式的改善企業經營管理的小組活動；工作中互相幫助，互諒互讓；禮貌待人，對顧客熱情服務；幹部早上班或晚下班，為下屬做好工作前的準備工作或處理好善後事項等。

　　松下很清楚它們主張什麼，並認真地建立和形成了公司的價值標準。事實上，如果一個公司缺乏明確的價值準則或價值觀念不準確，人們就很懷疑它是否有可能獲得經營上的成功。

二、麥當勞的經營理念

　　美國麥當勞（MacDonald）公司的經營理念是 Q‧S‧C＋V，顯示出了在世界各地擁有 6500 家連鎖店的麥當勞公司，存在於美國乃至全世界的重要意義。

　　Q（Quality），即質量、品質。麥當勞制定了一套嚴格的質量標準，如要求牛肉原料必需挑選瘦肉，不能含有內臟等下水，脂肪含量也不能超過 19%；牛肉絞碎後，一律做成直徑 98.5mm，厚 5.65mm，重 47.32 克的肉餅；馬鈴薯要稍微存儲一定時間，以調整

其澱粉含量，並使用可以調溫的炸鍋來炸不同含水量的馬鈴薯；煎漢堡包時必須翻動不許拋轉；烘好的牛肉餅出爐後十分鐘及炸薯條炸好後七分鐘內若賣不掉，就必須扔掉，並不是因為食品腐爛或有什麼缺陷，而是他們的經營方針規定不賣失去新鮮和酥脆風味的東西，所以時限一過就馬上拋棄不賣。

S（Service），即服務。為了讓大批外出的乘客吃飯方便，他們在高速公路兩旁和郊區開設許多分店，並在離餐廳不遠的地方裝上通話器，上面標有醒目的食物名稱和價格，使外出遊玩和辦事的乘客經過時，只需要打開車窗，向通話器預定食品，等車開到餐館窗口，馬上就能一手交錢，一手交貨，十分便捷。微笑是麥當勞的特色，所有的店員都面帶微笑，讓顧客感到親切、忘記辛苦。另外，在與住宅區連接的連鎖店，都會設置小型遊樂園，一邊就餐、一邊休息，感受麥當勞的關懷。

C（Cleanness），即清潔。規定男士必須每天刮鬍子、修指甲，保持口腔衛生，經常洗澡，不留長髮。女士要戴髮網，器具一律是不銹鋼製品。「與其背靠牆休息，不如起身打掃」。手腳勤快，窗明、地潔、桌面淨。

V（Value），即價值。強調「給顧客提供高品質的物品」，以適應現代社會高品質化的需求水準，不要總是一樣的物品。要求食品要附加新價值，使消費者對麥當勞總有一種新鮮感、滿足感。

麥當勞公司就是用質量超群、服務優良、環境清潔、貨真價實的理念形象，向全世界宣告該企業存在的意義，進而證明自身價值及社會價值，借此確實獲得了相當令人矚目的成功。

4 理念識別是企業形象系統的核心

　　營銷理念是指企業在組織和謀劃企業的經營管理實踐活動中所依據的指導和行為準則，是企業的經營哲學和思維方法的體現。營銷理念的設計是對企業靈魂的塑造，是將企業領導人的理念進行錘鍊、抽象並形成企業管理人員和廣大員工的共識，從而確定企業的經營宗旨和共同價值觀的過程。

　　營銷理念的設計在企業形象策劃中佔有重要地位。企業形象的策劃從始至終應該圍繞營銷理念這個核心展開。整個策劃過程就是在尋找、提煉適合該企業發展的某種價值法則、精神信條和理想追求目標。判定企業形象策劃成功與否，是看營銷理念是否能充分體現企業的發展活力和生機，能否振奮企業精神，推動企業進步，並產生巨大的感召力和凝聚力。在 CIS 導入過程中，人們把 VIS 的設計比做「臉」的設計，BIS 的設計比做「手」的設計，而 MIS 的設計稱做「心」與「腦」的設計。

　　對企業理念的設計首先要明確營銷理念發展的階段性。從宏觀上來講，市場營銷學將營銷理念劃分為若干階段，依其產生的先後順序遞次為生產觀念、推銷觀念、市場營銷觀念和社會營銷觀念等4 個階段。經濟發達而又實行市場經濟較早的國家，大多數企業已完成了從舊觀念(含生產觀念和推銷觀念)向新觀念的轉換，市場營

銷觀念和社會營銷觀念成了社會的主流。而在中國，基於經濟發展現狀和實行市場經濟體制的時間較短的客觀事實，大部份企業尚處於從舊觀念向現代市場營銷觀念的轉換之中，只有少數先進企業開始樹立社會營銷觀念。對企業營銷觀念所處的階段性宏觀把握，是對具體企業進行理念設計的前提。

　　對企業的理念設計還要洞察決定和影響企業營銷理念變化的內在和外在因素。企業的經濟發展態勢是企業營銷理念形成的決定因素。企業營銷理念的設計不能脫離企業經濟發展所處的階段，首先可以判斷企業是處於朝陽行業還是夕陽行業，接著看企業處於經濟發展的 5 個階段(傳統狀態、緩慢發展階段、快速發展階段、邁向成熟實行多元化經營階段、國際化發展階段)中的那一個階段，從而決定企業營銷理念設計的基礎。

　　以下是一些世界著名企業的營銷理念，同樣是從某一個側面來宣傳企業的宗旨：

　　以生產大眾喜愛的汽車為目標(日‧豐田)

　　技術本位的日立公司(日‧口立)

　　我們非常重視意見的交流(日‧第一勸業銀行)

　　讓自己的房子伴您度過一生(日‧三澤建設公司)

　　為人人服務(美‧電話電報公司)

　　千萬不能讓顧客等待(韓‧三星)

　　高質量的產品是由高素質的人幹出來的(海爾電器)

5 理念識別系統的設計範疇

　　理念識別系統是企業賴以生存的原動力，是企業價值的集中體現。企業理念識別系統包括企業的經營方向、經營道德、經營作風、經營風格等具體內容。

1. 經營方向

　　經營方向是指企業的事業領域（業務範圍）和企業的經營方針。企業事業領域即表明企業在那一個或那幾個行業、領域為社會提供服務；經營方針即是企業經營戰略目標及路線。1983 年，住友生命公司對日本 3600 家公司就企業經營方針進行了調查，一般企業的方針見表 4-5-1 所示。

表 4-5-1　企業方針使用狀況表

企業方針 \ 使用企業	和諧	誠實	努力	信用	服務	責任	貢獻	創造力	安全
企業數量	548	466	380	165	126	98	81	71	70
所佔比重	15.2	12.9	10.6	4.6	3.5	2.7	2.3	2.0	1.9

2. 經營思想

　　經營理念是企業生產經營活動的指導和基本原則，是企業領導者的世界觀和方法論在企業經營活動中的運用和體現。

藍色巨人 IBM 公司，自 1914 年老沃森創立該公司起就確定了公司的經營宗旨，直到 1956 年小沃森導入 CIS 時，又重申了 IBM 的宗旨，其內容是：

- 必須尊重每一個人；
- 必須為用戶提供盡可能好的服務；
- 必須創造最優秀、最出色的成績。

新力公司的兩位創始人井深大和盛田昭夫，也不斷提出一些經營格言，讓員工們執行：

- 新力應成為開路先鋒，幹別人沒有幹過的事，永不步入後塵，披荊斬棘開創無人敢問津的新領域；
- 自己研究，自己思考，自己判斷，並拿出自己的東西來；
- 人的能力是有限的，而人的努力是無限的，你的任務就是喚醒你沉睡的智慧；
- 每個人都應該懂得，人的價值在於他的能力，對於一個人來說，幹自己喜歡的工作是最大的幸福；
- 每個人都有做創造性工作的願望，行政領導的工作就是給出課題，培養興趣並鼓勵真正的能力。

可見經營理念的形成非一日之功，它是企業長期經營實踐之後形成的精華，這正是企業成功之所在，也是企業要永遠堅持和維護的傳家寶。

3. 經營道德

企業的經營道德是人們在經營活動中應該遵循的，靠社會輿論、傳統習慣和內心信念來維繫的行業規範的總和。企業經營道德以「自願、公平、誠實、信用」為基本準則。

IBM 公司在《企業指導手冊》總則中明確規定了公司的道德規範：

- 我們公司有令人羨慕的名聲，人們通常認為我們是力量、成功和道德的化身。我們堅持貫徹道德規範，這已經對我們公司的職業作風和市場營銷方面的成功起到了非常直接的作用。希望每個職工的行為現在和今後都符合高標準的道德規範。

- 如果這本手冊中有一個惟一的、壓倒一切的宗旨的話，那就是 IBM 公司希望每個職工在任何情況下，都要按照最高的商業行為準則工作。而最根本的一點就是在做每一個經營決策時，要像在個人社交時一樣，負你應負的責任。

- 我們依靠你做正確的事情——對你和公司都是正確的事情。毫不誇張地說，IBM 公司的名譽在你的手中。

- 你必須遵守公司最基本的法規：按道德辦事。IBM 公司要求你們參與競爭——朝氣蓬勃、精力充沛、不屈不撓地競爭，但是，也堅持要求你們道德地、誠實地和平等地競爭。在商業上沒有特別的、約束力較小的道德標準，也沒有「軟」一些的市場道德。

- 從一開始，IBM 公司就是靠一個超越一切的特點來銷售其產品：卓越。IBM 公司靠我們最優的產品和服務而不靠貶低對手或他們的產品及服務來銷售產品。貶低他人，不僅意味著欺騙，而且是錯誤的營銷方向或非常不公正的表現。這些行為包括對競爭對手的能力表示懷疑或作不公正的比較等，微妙的暗示和影射也是錯誤的。

4. 經營作風

經營作風是企業的行為方式和存在方式。

擁有 11000 家特許店的麥當勞在先後運用「美國口味麥當勞」、「世界通用的語言——麥當勞」進行宣傳時，同時強調以 Q(質量)、S(服務)、C(清潔)、V(價值)為內容的麥當勞的企業文化，十分突出其獨具的經營作風，如：

Q 要求。漢堡包出爐時限 10 分鐘，薯條出鍋時限 7 分鐘，逾時不再出售，保證其酥脆。

S 服務。環境有家庭般的溫馨，服務員臉上掛有親切的笑容，讓顧客有賓至如歸的感覺。

C 清潔。員工行為合乎規範，與其背靠牆休息，不如起身打掃衛生，員工不留長髮，要戴工作帽，客走桌面潔淨等。

V 價值。要提供更有價值的高品質物品給顧客，要努力增加附加價值，時時給人驚喜。

麥當勞的經營作風就是通過多側面體現的，它給人的資訊是快捷、方便、週到、熱情等。麥當勞正是靠這樣的行為方式和存在方式立足於市場並為消費者所感受到的。

5. 經營風格

企業的經營風格是企業精神和企業價值觀的體現。企業精神包括員工對本企業特徵、地位、風氣的理解和認同，由企業優良傳統、時代精神和企業個性融會的共同信念，員工對本企業未來的發展抱有的理想和希望。企業價值觀是全體員工對其行為意義的認識體系和所推崇的行為目標的認同和取捨。

日本松下公司從 1917 年以 97 美元起家，到現在已發展成擁有

20 多萬員工的大企業，其領導人松下幸之助總結了該公司成功的經驗，對企業理念作了如下概括，其中包括對企業精神和價值觀的認定：

· 用生存發展的觀點看待一切事物，順應自然的規律，順應時代的變化，正確地認識企業的使命；
· 對人要有正確的看法，應該認為社會大眾是公正的，要造就人才，要集思廣益；
· 企業的經營管理是一種藝術，時刻不忘自主經營，實行「水庫式的經營」，進行適度經營，樹立一定成功的堅定信念；
· 貫徹共存共榮的想法，既對立又協調；
· 利潤就是報酬；
· 要關心政治；
· 要心地坦誠。

心得欄

6 理念識別系統的企業內部作業

　　企業理念滲入到視覺識別系統和行為識別系統的過程，就是企業理念的行為化過程。企業理念行為化的方法有以下 5 種。

1. 儀式化

　　在企業慶典或每個營業日，舉行升旗、播放企業歌曲、經營者講話等固定的、嚴肅的儀式，經常性地傳播企業經營理念，並促進企業員工對企業理念的感受、理解和接納。企業應將每天有序化的儀式活動納入企業內部管理系統之中，成為不可缺少的活動。儀式雖為慣例，但主持儀式的人要常有創意，常有新話題，不能讓人產生厭煩情緒。

2. 環境化

　　企業理念要轉化為標語、文字、圖案、壁畫、匾額，把這些承載企業經營理念的文字載體安置在企業相宜的地方，從而形成企業的文化氣氛和人文環境，使全體員工身臨其境，在潛移默化之中接受、認同企業的理念，並以此規範自己的語言、行動。同時還可以用播放、講解、反覆誦讀等方法，強化人們對企業經營理念的記憶。

3. 楷模示範

　　楷模示範由兩部份人組成：一部份是企業領導層，以自己的言行嚴格貫徹經營理念，身體力行，以一致言行給員工做表率，使企

業理念不至淪為裝飾性、虛有其表的空洞文字。另一部份是通過培養貫徹企業理念的英雄模範來形成強大的影響力和帶動作用。企業英模既有外顯行為的榜樣功能，催人仿效，也有內隱情緒的感染效應，在潛移默化之中，對群眾心理起一定的滲透作用。

4. 培訓教育

培訓教育是一種強行灌輸的方式。企業理念的培訓教育包括啟發教育、自我教育和感染教育的方式。啟發教育要聯繫企業的奮鬥史，用歷史、事實啟發人們加深對企業理念的認識；自我教育是在啟發教育的基礎上，結合自身的成長史、崗位職責和對未來美好生活的憧憬及自身的發展前途，自我激勵、自我約束、自我加深認識；感染教育是企業利用企業輝煌業績的實體參觀、競爭對手巨大成就的瞭解，進行積極性和創造性激勵，還可以進行滿足需求的激勵、目標激勵、危機激勵等多種激勵方式。

5. 象徵性遊戲

象徵性遊戲是把能緩和緊張氣氛和鼓勵創新活動的遊戲用來開發企業理念的創造力和貫徹理念精神。遊戲的形式多種多樣，如即興表演、策略判斷、模仿操作、逗趣比賽、野營郊遊、辯論對擂等。通過這些活動把企業理念融入其中，在輕鬆活潑的氣氛中傳達理念的內容，激發員工來維護企業理念、自覺貫徹企業理念。

第 五 章

企業行為識別系統(BI)

1 企業行為識別系統的內涵

　　企業識別系統的第二個核心是「企業行為識別」。企業行為識別是指企業在內部協調和對外交往的一種規範性準則，是企業處理和協調人、事、物的動態運作系統，是企業理念訴諸計劃的行為方式。企業行為識別在組織制度、管理培訓、行為規範、公共關係、營銷活動、公益事業中表現出來，對內對外傳播組織無不以活動體現或貫徹理念。

　　這種準則具體體現在全體員工上下一致的日常行為中。也就是說，員工們一招一式的行為舉動都應該是一種企業行為，能反映出企業的經營理念和價值取向，而不是獨立的隨心所欲的個人行為。

　　企業的行為識別系統基本上由兩大部份構成：一是企業內部識

別系統，包括：⑴幹部教育；⑵員工教育，服務態度，電話禮貌、應接技巧，服務水準，作業精神；⑶生產福利；⑷工作環境；⑸內部營繕；⑹生產設備；⑺廢棄物處理，公害對策；⑻研究發展。二是企業外部識別系統，具體包括：⑴市場調查；⑵產品開發；⑶公共關係；⑷促銷活動；⑸流通對策；⑹代理商、金融業、股市對策；⑺公益性、文化性活動。

與我們日常的規章制度相比，行為識別側重於用條款形式來塑造一種能激發企業活動的機制，這種機制應該是自己獨特的、具有創造性的，因而也是具有識別性的。現代企業應當比以往任何時候都重視人的因素，充分尊重企業內的每一個員工，鼓勵員工積極創造，而不是僅僅依靠規章制度的約束，這也是知識經濟時代一大特徵。

CIS 系統中 MI、BI 和 VI 的關係，就仿佛一個人的心靈、行為和儀表。人的行為是由其思想（心靈）所支配的，而一個人形象的好壞，最終取決於他的行為，也就是取決於他如何做事。企業形象也是如此，社會公眾和消費者對企業的認知歸根結底取決於企業「如何去做」。如果理念不能在行為上得到落實，那它就只是一種流於形式的空洞的口號。同時，企業視覺識別（VI）的內涵是由企業的 BI 所賦予的，通過 VI 所產生的聯想便是企業的 BI（即如何去做）。如果一個企業的產品和服務質量低劣，無論口號喊得如何漂亮，廣告做得如何誘人，也無法得到社會公眾的認可，更談不上塑造良好的企業形象。只有將企業理念化成每一位員工精神的一部份，貫穿到員工的一言一行中，企業的面貌才能煥然一新，才能賦予 VI 富於魅力的內涵，才會得到社會公眾的認同，企業 CIS 戰略的實施才能夠

卓有成效。

　　由於行為識別獨特的作用，決定了企業在導入 CIS 時必須把企業及其員工的行為習慣作為突破口和著力點，通過不斷打破舊的不良習慣，建立新的行為模式，從而實現真正的觀念轉化和水準提升。

2 企業對內的行為識別系統規劃

　　企業內部行為識別就是對全體員工的組織管理、教育培訓以及創造良好的工作環境，使員工對企業理念高度認同，增強企業凝聚力，從根本上改善企業的經營機制，保證對客戶提供優質的服務。

1.工作環境

　　工作環境的構成因素很多，主要包括兩部份內容：一是物理環境，包括視覺環境、溫濕環境、嗅覺環境、營銷裝飾環境等；二是人文環境，主要內容有領導作用、精神風貌、合作氣氛、競爭環境等等。

　　創造一個良好的企業內部環境不僅能保證員工身心健康，而且對樹立良好企業形象有著重要作用，企業要盡心營造一個乾淨、整潔、獨特、積極向上、團結互助的內部環境，這是企業展示給社會大眾消費的第一印象。

2.員工的教育培訓

　　實施 CIS 戰略，需要企業全體員工的協作，員工是將企業形象

傳遞給外界的重要媒體,如果員工的素質不高,將損害企業形象,所以 CIS 戰略的推行,必須對企業員工加強組織管理和教育培訓,提高每位員工的素質,使每位員工認識到自己的一言一行都與企業整體形象息息相關,只有通過長期的培訓和嚴格的管理,才能使企業在提供優質服務和優質產品上形成一種風氣、形成一種習慣並且得到廣大消費者的認可。

　　員工教育培訓的目的是使行為規範化,符合企業行為識別系統的整體性要求。員工教育分為幹部教育和一般員工教育,幹部教育主要是政策理論、法制、決策水準及領導作風教育;一般員工教育主要是與日常工作相關的一些內容,如經營宗旨、企業精神、服務態度、服務水準、員工規範等等。

　　企業培訓教育的方式主要包括:⑴制定 CIS 戰略實施方案,包括企業導入 CIS 戰略背景、發展目標定位、MI、BI 手冊,使全體員工對實施 CIS 戰略有一個明確的認識,提高實施的自覺;⑵編印說明企業標誌、企業理念及員工行為規範的手冊,應使員工閱讀攜帶方便;⑶舉辦培訓班,通過培訓對領導和骨幹首先進行導入 CIS 戰略的培訓教育,之後在全體員工中舉辦培訓班,促進自我啟發;⑷製作對員工教育使用的電化教育專題片,說明企業有關導入 CIS 的背景、經過及具體的理念內容。

3.員工的行為規範化

　　行為規範是企業員工共同遵守的行為準則。行為規範化,既表示員工行為從不規範轉向規範的過程,又表示員工行為最終要達到規範的結果。包括的內容主要有:職業道德、儀容儀表、見面禮節、電話禮貌、迎送禮儀、宴請禮儀、舞會禮儀、說話態度、說話禮節

和體態語言等等。

4. 企業歌曲

在實施 CIS 戰略中，可以借公司（廠）歌來增強企業凝聚力。因為經過企業歌曲的編唱，既能夠宣傳企業的理念，又可以振奮員工的精神，緩解員工工作緊張的壓力，尤其是青年員工對這種形式更是易於接受。

3 企業對外的行為識別系統規劃

企業外部識別活動是通過市場調查、廣告宣傳、服務水準和開展各種活動等，向企業外部公眾不斷地傳輸強烈的企業形象資訊，從而提高企業的知名度、信譽度，從整體上塑造企業的形象。

1. 市場調查

企業必須進行市場調查以求得與消費需要的一致性，並在此基礎上進行新產品設計和開發。特別是要通過市場調查確定好市場定位，即根據市場的競爭情況和本企業的條件，確定本企業的產品和服務在目標市場上的競爭地位，從而為產品創造一定的特色，賦予一定的形象，以適應顧客的一定需要和愛好。

2. 服務水準

由於技術手段和消費水準的提高，市場上的同類產品在內在質量方面往往沒有太大差別，因此在各個市場漸趨飽和和全球競爭日

益激烈的情況下，產品的差別化戰略配合良好的服務，構成了競爭的主要手段。以優質高效的服務活動和服務行為，不斷的爭取顧客，贏得顧客的心，是企業一切活動的出發點和歸宿，也是競爭制勝的主要原因。對於顧客來說，有時服務質量等軟體因素比設備等硬體因素更為重要。

就服務內容而言，包括服務態度、服務質量、服務效率；就服務過程而言，包括三個階段，即售前、售中和售後服務。服務活動對塑造企業形象的效果，取決於服務活動的目的性、獨特性和技巧性。服務來不得半點虛偽，必須言必行、行必果，帶給消費者實實在在的利益。

3.營銷活動

營銷活動包括了營銷管理、促銷管理、廣告管理的方方面面，活動形式具體包括產品發佈會、定貨會、推廣會、展覽會、經銷商會議、消費者懇談會、市場調查會、品牌評估會等等；活動對象可分為針對經銷商的營銷活動行為規範，針對消費者的營銷活動行為規範，針對學術活動的行為規範。

要努力做到讓利於商，以誠待商並服務於商。腳踏實地地練內功，真誠地面對顧客，是實現企業長遠目標的需要。經銷商和消費者，是大多企業的兩種顧客，兩種顧客都要滿足其需要，但兩種需要是不同的。經銷商需要的是市場，利潤以及可持續發展的品牌；消費者需要的是優質的產品，獨特的精神享受和優惠的價格。

服務現在已成為日常工作的重要內容，在促銷活動、市場調查活動以及各種類型的終端活動中態度要誠懇，現代營銷的核心是溝通，溝通在針對消費者的營銷活動中佔了很大的比重。消費者動了

心，才會積極回應產品，才會掏錢購買。活動以易於操作為重，避免繁瑣帶來的各種不利影響。任何活動都必須在一定的組織工作下開展，特別是準備工作以及事後反饋工作。質量鑒定會、產品評優會、品牌資產研討會、銷售研討會等學術活動的參與者大多為專家學者，層次高，影響大，因此，參加這類活動要格外謹慎其行。要注意尊重專家，注意格調，利用機會造勢。

4. 廣告活動

廣告可分為產品廣告和企業形象廣告。對 CIS 系統，應更加重視形象廣告的創造，以獲得社會各界對企業及產品的廣泛認同。企業形象廣告的主要目的是樹立商品信譽，擴大企業知名度，增強企業凝聚力。產品形象廣告不同於產品銷售廣告，它不再是產品本身簡單化再現，而是創造一種符合顧客的追求和嚮往的形象，通過商標、標誌本身的表現及其代表產品的形象介紹，讓產品給消費者留下深刻的印象，以喚起社會對企業的注意、好感、依賴與合作。

5. 公關活動

公關活動是樹立企業形象的大好時機，應當充分抓好公關活動，以規範的行為來傳播企業各類資訊。媒體報導、新聞發佈會、記者招待會等新聞宣傳，是隱性的廣告宣傳，比真正的廣告宣傳更具威力，要注意新聞性、真實性、企劃性。新聞性，要注意把握發佈新聞和製造新聞兩種技巧。真實性是指要具有真實的內容，避免製造噱頭。企劃性是指新聞的發佈要經過嚴密的組織，可以延伸到市場活動中，並產生銷售效應。參與文化與體育活動對企業形象的提升，對知名度與美譽度的提高有直接的作用。活動必須與企業市場活動緊密地聯結在一起，要注意該活動社會影響力的強弱，目標

消費者的參與程度，費用，可操作程度和預期效應評估等。可以依企業實力有選擇地贊助公益活動，還可以發動員工參與賑災濟困，激發員工的美德。

　　企業公關活動的作用主要有樹立信譽、搜集資訊、協調諒解、諮詢建議、傳播溝通和社會交往。搜集資訊，有助於全面而準確地分析企業所處的人事環境和輿論環境；協調諒解，包括及時處理組織與公眾間存在的矛盾、建立預警系統並實行科學管理、協助處理糾紛等工作；諮詢建議，包括提供企業形象、公眾心理、公眾對企業政策的評價諮詢、提出公關工作建議；傳播溝通，通過資訊傳播影響輿論，做雙向溝通以達到與公眾協調的目的；社會交往，為企業創造和諧融洽的社會環境。

　　企業公關策劃是一個設計行動方案的過程，在這個過程中，企業依據目前組織形象的現狀，提出組織新的形象的目標和要求，並據此設計公關活動的主題，然後通過分析組織內外的人、財、物等具體條件，提出若干可行性行動方案，並對這些行動方案進行比較、擇優，最後確定出最有效的行動方案。

企業員工行為識別系統的工作重點

企業員工的工作規範策劃是根據企業的現行制度和各部門、各崗位的職責,規劃出員工共同遵守的行為準則及實現的條件。

企業員工必須具有進取心、責任感和敬業精神,積極、熱忱地做好自己的工作。具體來講,應具有如下準則:

⑴團隊意識。全體員工應以整體利益為出發點,通過溝通、協調、商議達成一致,形成眾志成城的力量。

⑵敬業精神。對工作兢兢業業、積極進取,具有百折不撓的毅力和恒心。

⑶創新觀念。科技發展日新月異,市場競爭瞬息萬變,企業員工必須接受新事物和新觀念,在不斷創新中求發展。

⑷求知慾望。企業員工必須不斷學習,充實自己,掌握現代化的知識和技能,促進事業的發展。

⑸專業才能。企業員工必須按照崗位職責的要求,熟練掌握業務技能,成為本業務領域內的專業技術能手。

⑹品德操守。企業員工必須具有良好的個人品德,遵紀守法、嚴於律己、誠懇待人,適應環境,生活有規律。

企業通過制定規章制度和合理、規範的獎懲制度,並設計出有利於實現企業員工行為規範的個體工作環境和群體工作環境,來保

證企業員工行為規範的實現。

1.企業員工的儀容儀表規範

⑴服飾規範

①服飾整潔、得體。

②服飾和飾物配套協調：上衣、褲子(裙子)、帽子、鞋子及領帶、手套、提包和其他飾物搭配合適。

③服飾適合所處的地位和場合。

⑵外表形象規範

外表形象除服飾外，還包括體態，頭部、手部護理，面部化妝等，都必須達到整潔、得體、協調的要求。

⑶姿態規範

①站立姿態挺拔、偉岸而不失謙恭；

②坐立姿態端莊、優雅，且不隨心態而變；

③行走姿態自然、大方、不忸怩；

④避免捏耳、撓腮等不良體態。

⑷神態規範

凝神、關注、微笑的神態，將給人以自然、穩重、親切和可以信賴的感覺。

2.商業社交禮儀

⑴見面的禮節

①介紹：見面之初，在被介紹、自我介紹或介紹他人的過程中，通過語言和動作表現出隨和、可靠、自信、博學等特質，並努力記住初識者的姓名和相貌。

②握手：注意「出手」的時機、握手的對象及順序，握手時微

微點頭以示謙恭。

③寒暄：在握手時，針對不同對象，配之於「您好」、「歡迎」、「好久不見」、「很高興見到您」等語言，更能協調氣氛。

(2)迎送的禮節

①進、出門：一般情況下，請客人先行通過；陌生人或 5 個以上的人來訪，自己先進門帶路；難以開啟的門由主人代開。

②讓座、敬茶。

③配以「請問」、「您好」、「歡迎」、「再見」、「走好」、「歡迎再次光臨」等禮貌語言。

(3)宴請的禮節

①確定宴請形式：酒會、便宴、工作餐。

②請柬的設計、發放。

③酒宴的安排和座次的安排。

④司儀和演講人的安排。

心得欄 _____

_____

_____

_____

_____

5 松下公司的服務行為規範

著名的日本松下公司，為了向用戶提供良好的服務，制定了以下的服務規範：

1. 銷售是為社會人類服務，獲得利潤是當然報酬。

2. 對顧客不可怒目而視，也不可有討厭的心情。

3. 注重門面的大小，不如注重環境是否良好；注重環境是否良好，不如注重商品是否良好。

4. 貨架漂亮，生意不見得好；小店中雖較雜亂，但是顧客方便，反而會有好生意。

5. 對顧客應視如親戚，有無感情，決定商店的興衰。

6. 銷售前的奉承，不如銷售後的服務。只有如此，才能得到永久的顧客。

7. 顧客的批評應視為神聖的意見，任何批評意見都應樂於接受。

8. 資金缺少不足慮，信用不佳最堪憂。

9. 進貨要簡單，能安心簡單地進貨是繁榮昌盛之道。

10. 一元錢的顧客勝於百元錢的顧客，一視同仁是商店繁榮的根本。

11. 不可強行推銷，不可只賣顧客喜好之物，要賣顧客有益之

物。

12. 資金週轉次數要增多，百元資金週轉 10 次，則成千元。

13. 顧客面前責備小職工，並非取悅顧客的好手段。

14. 銷售優良的產品自然好，將優良的產品宣傳推廣而擴大銷售更好。

15. 應具有「如無自己推銷販賣，則社會經濟不能正常運轉」的自信。

16. 對批發商要親切，如此則可以將正當的要求無所顧慮的向其提出。

17. 雖然一張紙當作贈品也可得到顧客的高興，如果沒有隨贈之物，笑顏也是最好的贈品。

18. 為公司操勞的同時也要為員工的福利操勞，可用待遇或其他方法表示。

19. 不斷用變化的陳列（櫥窗），吸引顧客止步，也是一種方法。

20. 即便是一張紙，若隨意浪費，也會提高商品價格。

21. 缺貨是商店不留心，道歉之後，應詢問顧客的住址，並馬上取來送到顧客處。

22. 言不二價，隨意減價反會落得商品不良的印象。

23. 兒童是福祿財神，帶著兒童的顧客，是為了給孩子買東西，應特別注意。

24. 時時應想到今天的盈虧，養成今天盈虧不明，則無法入睡的習慣。

25. 要贏得「這是××公司的產品吧」的信譽和讚譽。

26. 詢問顧客要買何物，應出示一二種商品，並為公司做宣傳

廣告。

　　27.店鋪應造成熱烈氣氛，具有興致勃勃的工作、欣欣向榮的表情和態度的商店，自然會招徠大批顧客。

　　28.每日報紙廣告要通覽無遺，有人訂貨而自己尚且不曉，乃商人之恥。

　　29.對商人而言，沒有繁榮蕭條之別，無論如何必須再賺錢。

心得欄 _____

_____

_____

_____

_____

_____

第 六 章

企業視覺識別系統(VI)

1 視覺識別系統的要素

　　企業識別系統的第三個核心是「視覺識別」。VI 是綜合了 MI 的理念性與 BI 的需求性這兩方面的需要，以形色鮮明的視覺形象來傳遞企業的理念及存在於社會的價值資訊。企業應當統一視覺識別表現，使之具有良好的識別功能。一般說來，企業視覺識別系統分為基本要素和應用要素兩大子系統。

一、視覺識別的基本要素

　　企業視覺識別的基本要素包括：企業名稱、企業品牌標誌（商標）、企業標識字、企業造型、標準色、象徵圖案、企業專用印刷字

體、企業宣傳標語以及上述要素的組合規定等。

　　視覺識別的基本要素是表達企業經營理念的統一性基本設計要素，是應用要素設計的基礎。為了在資訊傳播中達到對內（企業內部）、對外（社會公眾）視覺傳播上的一致，從而達到塑造明確而統一的企業形象的效果，對基本要素的設計和組合有著極其嚴格的規定，並要求在使用時不能隨意改變。

　　每一個人都有自己的姓名，同樣，企業也需要使用第一人稱。對企業來說，第一人稱就是企業的名稱及標誌。這兩者相當於人腦的兩個側面，一側是理性的，另一側是感性的。CIS 是第一人稱的確立、再定義，必須與企業精神緊密結合。

　　標誌是代表企業的主要符號，一件印有企業標誌的商品，即表示該企業對這件商品的品質負責，容易使購買者安心。企業的標誌應該具有說服力和傳遞力，優秀的企業標誌可以打動員工的心，有助於規劃出活動形式，並且讓大眾對企業的存在意義產生深刻印象。如果企業的標誌缺乏識別競爭力，無法反映企業特徵和形象，就必須加以檢討並且重新再規劃設計。

　　企業所傳達出來的資訊或情報，主要訴之於人的視覺，而且人們日常所接受的資訊中 80%以上是來自視覺資訊。如果一個企業所使用的標誌、標識字等以不同的形狀、大小或色彩出現在印刷品、招牌或廣告上，就容易使受眾覺得困惑，甚至認為那是冒牌的標誌，因此一個企業的標誌及標識字應統一化。然而現在還有這樣一種普遍現象，一個工廠、一個公司擁有幾個甚至幾十個商標，有些是一種商品一個或幾個商標，甚至連本企業的員工都不能說清楚，當然在市場上也就形不成知名度。消費者難以記憶，產品也就不會有競

爭力。如果一個企業或企業集團把目前為了不同的品牌投入的廣告費集中在一起，傳達一個標誌、一個企業或企業集團名稱，其效果必然是迥然不同的。

二、視覺識別的應用要素

1. 辦公用品系統

辦公用品在企業的生產經營中用量較大，擴散頻繁，是企業視覺識別的重要工具，具有極強的穩定性和時效性。辦公用品的統一設計一直被多數企業忽略，他們沒有意識到其在視覺識別中的重要地位。辦公用品作為辦公室的點綴之物，是企業資訊的媒介物，因而辦公用品是否格調清新，風格獨特，將對企業整體形象的樹立起極大的作用。

企業識別應用系統中的辦公用品主要指紙製品、工具類用品和辦公設備。

(1)紙製品包括：物流類用品如領料單、出庫單、薪資單、經營合約等；人流類用品如工作證、介紹信、人事檔案等；資訊流類物品如名片、名片夾，徽章、信封、信箋、便簽、傳真紙、請柬、邀請函、賀卡、有價贈券、票券、會員卡、貴賓卡等。

(2)工具類用品指筆記本、文件夾、檔案袋、資料夾、文具用品、茶具、煙缸等。

(3)辦公設備主要指辦公桌椅、電腦、傳真機、電話、冷氣機、電梯等，以顯示企業實力及辦公設備的現代化、高效率。在這幾種辦公用品中，資訊流類物品用量最大。

2. 旗幟招牌系統

企業的旗幟、招牌通常是大眾首先認識企業的工具，優秀的旗幟和招牌設計是極具傳遞力的傳播媒介，同時還能美化工作環境，提升城市形象力。

旗幟一般分為懸掛式和撐杆式兩種。懸掛式旗幟是為了強化識別及渲染環境的氣氛，撐杆式旗幟往往掛有企業的名稱、企業的象徵物和企業的徽標。

招牌包括標牌、指示牌、線路標牌、部門牌等，以有利於識別為目的。

3. 員工服飾系統

企業員工的服飾是反映企業精神風範和展示員工風采不可缺少的組成部份，一般包括工作服、禮服和飾物等三種類型：

· 工作服：生產經營過程中各個操作崗位的員工作業服；

· 禮服，營銷人員、接待人員等制服；

· 飾物：包括領帶、領帶夾、腰帶、鞋帽、徽章等。

4. 建築環境系統

企業建築不僅是企業生產、經營、管理的場所，而且也是企業視覺識別應用系統的重要組成部份。由其外觀造型和內在功能決定了其對企業形象的傳播程度。企業建築的風格能夠展現企業的經營風格，使公眾能直觀地瞭解企業的性質特徵以及文化內涵。企業建築的基本功能是為了滿足生產、經營的需要。優秀的建築，應當不但有利於企業形象的識別，還應有利於提高員工的效率，使員工能集中精力投入生產。充分體現企業與社會和人類環境的相輔相成、共存共容的特徵。

　　公司辦公室、生產工廠、店面及連鎖店內外部裝修是企業對外傳播企業形象的重要場所。辦公室根據功能分為前台(Logo牆)、大廳、主辦公區、管理人員辦公室、會議室、洽談室、休息室等，可根據企業自身條件和自身的條件和特點，將標誌、標準字、標準色應用於裝飾中，形成統一有效的環境識別特徵。規模較大的生產企業的庭院建設對營造企業文化,樹立企業形象具有非常重要的意義。

5.陳列展示系統

　　商品的陳列和展示主要包括櫥窗、陳列台、專櫃或形象島、展覽會等，已成為一種極為重要的企業識別與傳播方式。通過這類方式企業將產品、技術公諸於眾，不僅增進了大眾對企業的瞭解，擴大企業的知名度，而且能在這種面對面的溝通方式中，得到消費者的資訊反饋，從而進　步促進公司內部機制的不斷完善。

6.交通工具系統

　　企業的交通工具是塑造、渲染、傳播企業形象特別是視覺識別形象的流動性媒介和管道。由於企業的交通工具長期在企業外活動，而且企業的交通工具種類較多，有貨車、客貨兩用車、吉普車、麵包車和小轎車等，因而它們的宣傳面廣，能夠將企業的形象進行全方位、多角度的宣傳。同時，交通工具上的企業標識是一次性的花費，和企業招牌比較而言，幾乎不用維修和整理，清潔和擦洗工作都有交通工具的使用人來進行，因而，美國的許多企業都重視利用交通工具為企業識別服務，充分發揮交通工具流動、廉價的宣傳特點。

7.產品外觀系統

　　產品的外觀式樣是指產品給予購買者的視覺效果和感覺。企業

應注重塑造產品外觀式樣的獨特個性，賦予其有效的藝術風格，從而以鮮明的設計吸引消費者。

8. 包裝系統

商品的包裝一般包括零售包裝、批發包裝和儲運包裝，是視覺識別應用的一項重要內容。結合現代設計觀念和企業的經營理念，通過塑造商品的個性和形象，有利於樹立良好的品牌形象和企業形象，提高商品的價值，擴大商品的市場佔有率。包裝是產品的延伸，良好的包裝能增加產品的功能、擴大產品的效用，也成為產品不可缺少的一部份。企業的產品包裝，不僅是產品功能的描述，而且還以其獨特的圖形設計傳遞出各種企業和商品資訊，實現企業和商品的視覺識別。

9. 廣告系統

廣告媒體包括報紙、雜誌、電視、交通車輛、戶外招牌招貼畫等，它們是強化視覺效果的有效手段。從 CIS 的角度來看，廣告是實現視覺識別、樹立企業形象的重要途徑。通過反覆利用各種媒介，將有關企業的資訊、產品的資訊向消費者、社會公眾傳達，在得到廣泛的認同後，樹立了企業形象和產品形象。

10. 其他

不屬於上述各項的視覺識別項目。

由上述視覺識別的基本要素和應用要素形成了一套企業視覺識別傳播系統。其中，企業標誌、標準字、標準色是核心要素，也是發動所有視覺要素的主導力量。

企業視覺識別系統中的基本要素與應用要素的內容、形式，需要根據企業經營的內容與服務的性質來決定。其內容、項目的多少，

與企業識別系統開發設計工程的大小和實施程度成正比；其風格與特色也與企業產品、經營特色及企業識別系統在應用中的展開程度而有所不同。另外，企業在實行視覺識別系統時，還應考慮到企業費用和時間的問題，逐步改善企業的設計並使之統一化。因此，視覺識別系統的實施、設計，還應該根據企業識別系統逐步實行，只有這樣，才能真正發揮視覺識別的功效。

2 視覺識別系統的工作重點

企業視覺識別系統的設計分為基本要素和應用要素兩大部份。基本要素主要包括企業名稱、品牌標誌、標準字體、標準色、象徵圖案等；應用要素主要包括辦公用品、辦公設施、招牌旗幟、建築外觀、衣著服飾、產品設計、廣告宣傳、場區規劃、交通工具、包裝設計等。

一、標誌

標誌是將抽象的企業理念精神，以具體的造型圖案形式表達出來的視覺符號。在企業視覺識別設計中，標誌是啟動並整合所有視覺要素的主導和核心。

標誌的易識易記是其最基本的特徵。早在上古時代，人們就以

某種自然景物作為圖騰，如女媧氏以蛇為圖騰，夏禹的祖先以黃熊為圖騰，其他民族以月亮、太陽以及各種鳥禽為圖騰。這些圖騰是當時部落和祭祀的標誌。隨著私有制和商品經濟的發展，族旗徽標逐漸演變為區分商品和利益關係的歸屬標誌。尤其是 20 世紀下半葉以來，經過精心策劃與設計的企業標誌，更富有獨特的風貌和強烈的視覺衝擊力，讓人過目難忘。

圖 6-2-1　麥當勞食品標誌

　　例如，美國速食業麥當勞食品店的標誌設計。通過簡潔的字母造型和紅黃色彩的強烈對比，表達了企業熱情、快捷、友善的服務理念，讓人一看便記住了這家屬於麥克唐納公司的產業。

　　標誌設計的題材豐富，表現形式寬廣，造型寓意深刻，具有十分獨特的藝術風格，容易形成強烈的藝術感染力。生動的標誌設計，不僅有效地發揮著傳達企業情報的效力，而且還影響著消費者對於商品品質的信心和對企業形象的認同。因此，設計師必須精心刻畫，追求完美，通過對圖形的藝術加工以形寫神，形神兼備。在設計中應注意自然與變化、多樣與集中、節奏與平衡、協調與整齊，對比與統一的藝術處理。力求點、線、面、色的搭配流暢、爽朗、妥當，整體構圖精巧靈活、鮮明悅目、生動完整、能誘發人的審美情感，產生喜愛和偏好。

二、標準字

標準字是將產品或企業的全稱加以熔鑄提煉，組合成具有獨特風格的統一字體。通過文字的可讀性、說明性和獨特性，可以將企業的規模、特徵與經營理念傳達給社會公眾。由於文字具有明確的說明性，容易產生視聽同步印象，因此具有強化企業形象、補充標誌內涵、增強品牌訴求力的功效，其應用頻率絕不亞於標誌出現的頻率。

與普通鉛字和書寫體相比，標準字不僅造型外觀不同，而且在文字的配置關係上也有很大的不同。由於標準字的設計是根據企業品牌名稱、活動的主題而精心創作的，因此，對於字間的寬幅、筆劃的配置、線條的粗細，統一的造型要素等，都有細密的規劃和嚴謹的製作要求。尤其講究經視覺調整的修正來取得均衡的空間與和諧的文字配置結構。

三、標準色

企業標準色的設定可從三個方向進行選擇：第一，企業形象。根據企業的經營理念或產品特質，選擇能夠表現其安定性、信賴感、成長趨勢的色彩。第二，經營戰略。為了擴大市場影響，強調經營特色，選擇搶眼奪目、與眾不同的色彩來突出品牌，增強視覺識別效果。第三，成本技術。為了掌握標準色的精確再現與方便管理，儘量選擇合理的印刷技術、分色製版的色彩，避免選用金銀等昂貴

材料或多色印刷。另外，標準色可選擇單色，也可以是多色組合。

　　企業標準色設定之後，除了統一實施全面展開以求整體視覺效果之外，還需推行嚴密的管理和科學的方法來保證同一化和標準化的色彩表達。

四、吉祥物

　　吉祥物是借助於適宜的人物、動物、植物的具象化視覺效果，塑造企業形象識別的造型符號。通過幽默、滑稽的造型捕捉社會公眾的視覺焦點，往往比抽象的標誌、標準字更具視覺衝擊力。因此，選定並設計經裝飾化後的特定形象作為企業吉祥物，容易喚起受眾的親和力和通俗感。

　　具象化的造型圖案可以直觀生動地圖解企業理念和企業精神。幽默滑稽的人物造型，帶給人熱情、週到的服務暗示；威武兇猛的動物形象，帶給人強勁、霸氣的品質保證；嬌嫩率真的植物卡通，帶給人呵護備至的關愛情懷。擇取人物、動物、植物的個性和特質，能準確而輕鬆地表達企業的經營理念。

　　通過吉祥物的變體設計，可以充分運用表情、姿勢、動態的變化來展現視覺識別的傳達內容，成為具有強烈訴求的視覺要素，如洛杉磯奧運會的吉祥物——山姆鷹。

圖 6-2-2　吉祥物的說明性示例

圖 6-2-3　給人以親切感的吉祥物示例

圖 6-2-4　洛杉磯奧運會吉祥物

表 6-2-1 2011 年度全球最具價值十大品牌

序號	公司名稱	商標價值 （億美元）	公司市值 （億美元）	所屬國家
1	Google	443	1640	美國
2	微軟	428	2040	美國
3	沃爾瑪	326	1840	美國
4	IBM	326	1990	美國
5	沃達豐	307	1380	英國
6	美國銀行	306	1090	美國
7	通用電氣	305	1970	美國
8	蘋果	295	3070	美國
9	富國銀行	289	1430	美國
10	AT&T	289	1820	美國

第 七 章

企業識別系統(CIS)的具體化

1 企業標誌的原則

　　隨著市場的演進，企業競爭日趨激烈，公眾面對的資訊也更加紛繁複雜，各種標誌商標符號數不勝數。只有造型優美獨特、容易識別和記憶的標誌，才能在同業中突顯出來，以區別於其他企業、產品或服務，使受眾對企業產生深刻印象。標誌商標設計的重要性也日益得到認同。

　　標誌設計與其他圖形藝術設計既有相同之處，又有自身的規律。尤其是對簡練、概括、完美的要求十分苛刻，要做到實在找不到更好的替代方案的程度，並且要掌握下列基本原則：

　　⑴必須符合預計應用國家的相關法規；

　　⑵清楚設計對象的使用目的、適用範疇；

⑶深刻領會其功能性要求；

⑷充分考慮其實現的可行性；

⑸符合作用對象的直觀接受能力、審美意識、社會心理和禁忌；

⑹表意準確，特徵鮮明，易於識別，決不能相互雷同近似以造成誤導；

⑺構思力求深刻、巧妙、新穎、獨特；

⑻圖形要凝練、美觀、適形（適應其應用物的形態）；

⑼色彩要與企業理念及產業產品特點相符合，儘量單純、強烈、醒目；

⑽創造性的探求使人感到新穎的藝術表現形式和手法。

2 企業標誌的表現形式

　　題材的選擇是標誌設計開始階段需要十分審慎的一步，只有確定了題材，造型要素、表現形式和構成原理才能得以展開。否則，缺乏嚴密計劃、隨意選擇題材的企業標誌將導致設計方向的不固定，以致設計作業事倍功半，也難以符合企業的經營狀況。因而必須按照 CIS 總概念報告書所設定的方向，慎重進行題材的確定。

　　標誌設計的表現形式主要分為文字標誌與圖形標誌兩大類。文字標誌又可細分為中英文、全名、首碼、具象、抽象及文字與圖形組合等形式；圖形標誌又有具象、意象和抽象等表現形式的區分。

標誌圖形設計的表現手法主要有表像手法、象徵手法、寓意手法和模仿手法等。以下就標誌設計的題材及表現形式進行分類說明。

一、以企業、品牌名稱為題材

以企業、品牌名稱設計字體標誌（Logo Mark）是近年來標誌設計的新導向，有的是在字體標誌的全名之中選擇一字使其具有獨特性，以增強視覺的衝擊力。

圖 7-2-1

以企業、品牌名稱的字首作為造型設計的題材是常用的形式之一。也有雙字首或多字首的表現形式，而造型單位越單純，形式也越活潑生動。在單字首型的標誌中有字母（文字）結構、筆劃變化和字母（文字）空間變化處理等方法。雙字以上的有平列、重迭、貫通和扣連（正負）等組合方式。

圖 7-2-2

味全（W）　　加拿大公司（A.H.）　　Progett 裝飾商行

還有以企業、品牌名稱與其字首的組合進行設計的，這種設計形式在於追求字首形式的強烈造型衝擊力和字體標誌直接訴求的說明性，兼顧了二者的優點。

圖 7-2-3

聯合航空公司　　美國廣播公司 ABC

二、以企業、品牌名稱或字首與圖案組合為題材

這種設計形式是把文字標誌與圖形標誌綜合，兼顧文字說明和圖案表現的優點，具有視聽覺同步訴求的效果。

圖 7-2-4

三、以企業、品牌名稱的含義為題材

採用與企業、品牌名稱的含義相近似或具有寓意性的形象，以比擬、影射、暗示、示意的方式表現標誌的內容和特點。比如用傘

的形象暗示防潮濕，用玻璃杯的形象暗示易破碎，用箭頭形象示意
方向等。某航空公司的標誌圖形就是以鳳凰形態比擬飛行和祥瑞；
日本佐川急便車採用奔跑的人物形象比擬特快專遞。按照企業、品
牌名稱的字面意義，轉化為具體的圖形，能使人一目了然。這種標
誌的設計形式以具象化的圖形居多。

圖 7-2-5

四、以企業文化、經營理念為題材

把企業獨特的經營理念與精神文化用具象圖形或抽象符號傳達
出來。通過含義深刻的視覺符號喚起大眾的共鳴與認同。

圖 7-2-6

第一勸業銀行（愛心）　　　曼特迪生

五、以企業、品牌的傳統歷史或地域環境為題材

刻意強調企業、品牌悠久的歷史傳統或獨特的地域環境，誘導消費者產生權威性的認同或對於異域情趣的新奇感等，具有強烈的故事性與說明性的設計形式。這類標誌常以寫實或卡通的造型作為表現形式。

圖 7-2-7

威爾斯華格銀行　　　肯德基炸雞創始人山德斯　　　加拿大航空公司

六、以企業的經營內容、產品造型為題材

採用直接關聯並具有典型特徵的形象。這種手法直接、明確、一目了然，易於迅速理解和記憶。例如以錢幣的形象表現銀行業，以書的形象表現出版業等等。具有直接說明或象徵企業經營業種、服務性質、產品特色等告知作用。但應格外注意不能與商標法規相違背。

圖 7-2-8

加拿大複職代辦處

空中公共汽車公司

出版社

國際羊毛局

美國影藝學院

3 企業標誌的設計構成形式

標誌設計的構成形式是多種多樣的，但也是有一定規律可循的，基本上包括重覆、漸變、發射、對稱、突變、均衡、調和、黑白（正負）、借用，還可以在此基礎上創新或綜合變化使用。

一、重覆

重覆是同一形態連續地、有規律地出現。重覆又稱整齊一律，是形式美的一種簡單形式。通過把形象秩序化、整齊化，可以呈現出統一的、富有節奏感的視覺效果。

　　圖 7-3-1/(1)是韓國國民銀行的標誌,用一個單位形態重覆四次,強化了對視覺的刺激,表現出機構的經營理念,提高了人們對其的記憶度。圖 7-3-1/(2)是公司名稱字首 M 重迭三個的構成。圖 7-3-1/(3)是由朝鮮的三立食品公司的企業標誌,在重覆的形態中加正負形的處理。

圖 7-3-1

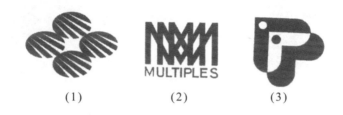

(1)　　　　　(2)　　　　　(3)

二、漸變

　　漸變是指基本形態或骨格逐漸的、規律的循序變動,能給人以富有節奏、韻律的自然性美感意味。

　　基本形的漸變,是對其形狀、大小、位置、方向、色彩等視覺因素進行漸變。

　　骨格的漸變,一般是變動水平線或垂直線的位置而得到其方向、大小和寬窄等因素的漸變效果。

　　圖 7-3-2/1 是西班牙的動畫製作公司的標誌,是利用飛行中鳥的連續漸變動作所組成,準確地傳達出該企業的經營內容。圖 2 阿根廷銀行、圖 3 詹森金融和規劃公司、圖 4 瑞典的奧利埃克塞爾圖形設計公司,都是形態大小、粗細的漸變形式。圖 5 和圖 6 還包含了方向性的漸變。

圖 7-3-2

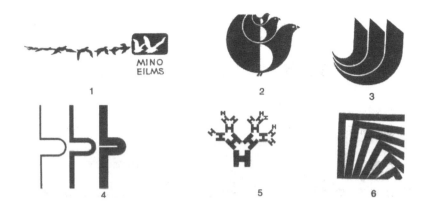

三、發射

發射是一種特殊的重覆，也是一種漸變。是環繞一個中心或幾個中心排列，也有按左右、上下方向排列。所構成的圖形具有光芒的效果，有很強的視覺衝擊力。

圖 7-3-3

四、對稱

對稱是以兩個相同的形態按一條軸相對組成，具有豐富、完整的美感。（見圖 7-3-4）圖 1、2、3、是左右對稱的形式。圖 4 是上下對稱，圖 5、6 是逆對稱，即對稱部份互相倒轉。

還有一種對稱的形式是圓週對稱（也叫回轉對稱），是用一個形態單元按三單元、四單元、五單元……循圓週重覆排列，具有單純、完整而又豐富變化的視覺效果。圖 7 是三單元構成，圖 8 是四單元構成，圖 9 是五單元構成。

圖 7-3-4

1、橫越美洲公司

4、

7、（日）山口銀行

2、東亞製藥公司

5、澳大利亞運輸公司

8、南朝鮮兌換銀行

3、密蘇裏植物園

6、（日）旺文社

9、美國獨立二百週

五、突變

突變是在重覆、漸變等構成形式的規律中，有意識地誇張文字或圖形的某個部份，藉以突破規律性的單調感覺。突變是打破有規律的構成因素而相對地形成「無規律」的對比現象。

基本形態的突變由形狀、大小、位置、方向和色彩等因素構成。突變的部份不宜過多，否則會減弱標誌對比的構成因素。

圖 7-3-5

六、均衡

形態的大小、疏密、強弱會給人以不同的「重量」感，均衡是指在構成的左右、上下各部份在視覺上互相平衡和穩定。（圖 7-3-6）圖 1、2 雖然左右兩部份形態不同，但感覺上是平衡的。圖 3 是由 D、I、C 三個字母組成，把 D 的左邊筆劃儘量往裏移動，使其達到均衡的視覺效果，又很有獨特性。

圖 7-3-6

(1)　　　　　　(2)　　　　　　(3)

七、調和

　　給構成標誌的各個不同部份以共通的造型要素，使各部份有內在的聯繫，達到調和的效果。圖 7-3-7\1 是 B、C 兩字母都以半圓和直線構成，使兩部份達到調和，在統一中有變化。

圖 7-3-7

八、黑白（正負）

　　在標誌設計中黑（正形）和白（負形）具有同樣作用，沒有主次之分。這兩種形態互相關聯，互相襯托，相互交織成一個有機的整體。（見圖 7-3-8）標誌設計可利用這個原理形成獨特的構成形式。

圖 7-3-8

NAYA 印刷公司　　　施托斯大飯店　　　戈內承包商

九、借用

　　借用是兩個或若干個單元共同借助同一部份，並用以形成各自部份的完整，是一種巧妙的構成形式。經常使用的形式是兩個字母或圖形合併在一起，相互邊緣線是共用的，仿佛你中有我，我中有你，從而組成一個完整的圖形。

　　圖 7-3-9 例 1 是 A、C 兩字母組成，A 的一部份借用了 C。例 2 由 A、K 兩字母組成，A 的右劃和 K 的左劃互為借用。例 3 是點的借用，二條魚頭交迭在一起，中間的魚眼既是左側魚的又是右側魚的。例 4 是面的借用，在字母 B 中線左側下部和右側上部各有一條縫隙，所以又是字母 S 的形狀，形成 B 和 S 互為借用。例 5 是線的借用，C 借用 t 的下部內側的邊線。例 6 是體的借用，左行各一個立體 H，中間方柱為兩個 H 借用。

圖 7-3-9

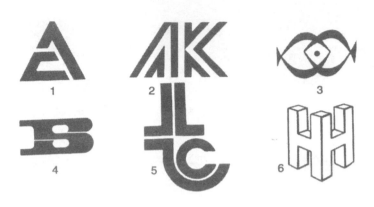

4 企業標誌的精確繪製

　　企業標誌設計完成後，為了保證標誌的展開運用得更加完善，需針對日後運用的需要進行標誌精確化繪製。經過對標誌的標準製圖、大小修正、黑白應用、線條應用等不同表現形式的修正，使標誌使用更加規範，同時標誌的特點、結構在不同環境下使用時也不會喪失，達到統一、有序、規範的傳播。其目的在於樹立系統化、標準化等使用規定的權威，使各種應用設計的項目都能遵循既定的規範運用標誌，通過各種傳播媒休的不斷使用，發揮設計統合的力量，使企業的經營理念以及精神傳達得更為準確。

　　正是由於標誌是企業的象徵是所有視覺傳達設計要素的核心，

標誌的精確化繪製更顯得不能缺少。因為不正確的使用與任意的設計，容易造成標誌形象散亂的負面效果，削弱大眾對企業形象的認知或帶來誤解。

標誌精確化繪製與規劃一般包括標誌的製圖、標誌尺寸的規定與縮小的對策、標誌變體設計的規定和標誌與其他基本要素組合的規定等四項。

一、企業標誌的標準比例圖

標誌應用在各種設計項目上，尤其是印刷媒體、彩色噴繪為了取得正確的再現，現在通常是直接使用電子文件，而招牌、建築外觀等大型立體應用設計的場合，則必需重新放大繪製以符合要求，因而標誌的標準比例圖是必要的工作。通過標誌的標準比例圖的繪製，其更重要的意義還在於把圖形、線條等做成數值化的分析，使圖形更加準確、精緻，以便於正確地再現。標誌的標準比例圖的製圖法一般有方格標示法、比例標示法和圓弧、角度標示法等三種。

⑴方格標示法：在正方格子線上配置標誌，以說明線條寬度、空間位置等關係。根據標誌形態也可在方格上增加對角線形成米字格（見圖 7-4-1）。

圖 7-4-1

(2)比例標示法：以圖形的整體尺寸作為標示各部份比例關係的基礎（見圖 7-4-2）。

圖 7-4-2

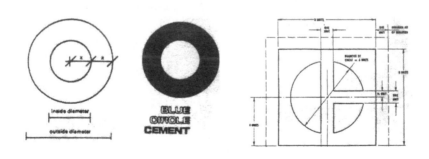

(3)圓弧、角度標示法：為了說明圖形與線條的弧度和角度，用圓規、量角器標示各種正確的位置（見圖 7-4-3）。

圖 7-4-3

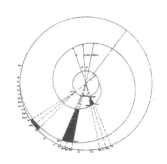 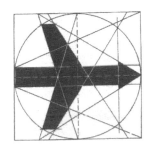

標誌標準比例圖雖有上述三種方法，但也可視具體情況綜合使用。然而主要在於以數值化為前提，儘量使各個單位尺寸能快速運算和方便作業。

二、企業標誌尺寸的規定與縮小的對策

由於標誌出現的頻率與應用的範圍多而廣，對於標誌展開運用的細節要制定嚴謹的規定，以確保標誌的完整造型。

標誌運用在應用設計要素的業務用品上常常需要縮小，一般在名片、信紙、信封、標籤上常會出現模糊不清、粘成一團的現象，對於企業資訊傳達的正確性與認知性都產生不良的作用。

因此為了確保標誌放大與縮小後的視覺認知，保持同一性的效果，必須針對標誌運用時的大小尺寸制訂詳細的尺寸規定。如規定標誌縮小使用的極限為多少毫米等，以防止任意縮小所帶來的對原造型樣式的破壞。（見圖 7-4-4、7-4-5）需預先製作出標誌縮小時

的造型修正、線條粗細的調整等對應性的變體設計，以便應用在標誌縮小的場合，保持同一性的效果。

圖 7-4-4　味全公司的標誌　　圖 7-4-5　美能達公司標誌

5 企業戰略與標準字的關係

一、企業的標識字

Logotype 原是歐美印刷術語，是指把兩個以上的文字鑄成一體的字體，一般被譯作「合成字」、「連字」、「標準字」。就字義而言，「標準字」易與規範的印刷字體相混淆；「合成字」、「連字」偏重於設計、製作時組合構成的技術方面，未表達出 Logotype 這個詞在企業識別系統中具有的特徵與功能；而「標識字」一詞雖然未說明設計、製作程序上的方法，但相對來說能把其具有的功能與內涵表達出來，因而譯為標識字較貼切。

標識字種類較多，運用範圍廣泛，幾乎出現在 CIS 的各種應用

設計要素上，其使用頻率之高，較企業標誌有過之而無不及，因而其重要性是不言而喻的。

　　由於文字本身具有明確的說明性，可以直接把企業、品牌的名稱傳達出來，通過視覺、聽覺同步運動，強化企業的形象與品牌的訴求力，字體標誌（Logo Mark）便應運而生，而且越來越普及，標識字與標準印刷字體、書法最大的區別是除了造型外觀的不同之外，關鍵在於文字配置的關係。一般的印刷字體無法預想到接鄰的是什麼字，因而其設計的出發點著重在任何字都可以組合。可是，由於標識字的排列是已經決定的，因此，可以自由地交叉組合或分兩行組合等。

　　在標識字中極少有相同的字重覆出現，另外，對於現成字體的正體來說，大多是平、長體和斜體，這也是它的特徵之一。標識字表現內容的印象雖極為重要，但由於字體用於各種內容，因此，若過分強調個性和形象，會令使用範圍變狹。

　　標識字字體大多為較單純的字體，因此，比之一般字體來，更多地用粗線的字體和富於變化的字體，不少屬於字體的陳列展示類型。在標識字中有在誇張的花式的裝飾文字和手跡等字體中所見不到的變化。標識字主要具有如下的特性：

　　⑴獨特性：標識字的設計重點在於強調差異與個性，其字體具有獨特的風格與強烈的印象，由於企業的經營理念與文化背景的不同，不同企業標識字在造型與風格上是很不相同的，能夠很好地表達企業或品牌的獨特個性，達成企業識別的目的。

　　⑵設計性：字體是否具有獨特而良好的造型，是標識字成功與否的關鍵。

標識字是根據企業、品牌名稱、活動的主題與內容而精心設計的，對於線條的粗細、筆劃的搭配、字距的寬窄和造型的要素均作週密的規劃與嚴謹的製作。要能體現一定的新穎獨特感與和諧的美感，使人樂於接受。

⑶易讀性：標識字設計的根本目的首先在於能明確傳達特定的資訊，因而要求具有易讀的效果。標識字設計時要在遵循各種文字字體的基本書寫規範的情況下，對字體筆劃、結構進行適度的變化與修飾，。

⑷適應性：標識字與標誌一樣，在各種傳播媒體中出現頻率很高，運用很廣泛。面對不同傳播媒體的不同要求限制，標識字必須具有相應性。必須適合放大縮小及反白和邊框處理，以適應於不同材質、空間位置的需要。

⑸系統性：標識字與標誌是一個具有不同作用而又緊密相連的統一體，它們之間組合的位置、方式應該協調配合，均衡統一，使之既具有美感。還要適應與其他設計要素組合使用，構成識別系統的一部份。

二、標準字的設計戰略

為公司設計標準字時，可採用以下 3 種方法：

⑴完全改變舊有的標準字，設計出全新的字體。

⑵分為幾個階段，逐步修正為接近理想的標準字，即標準字的再設計戰略。

⑶完全沿用舊有的標準字。

　　在公司內部召開的會議上，由於與會人員都秉持著改革的理想，加上對公司部份不理想狀態的討論，所以會議的結論往往會傾向於完全改革的方法。不過，桌上作業與實際的工作是完全不同的。

　　首先，完全改變了標準字的字體後，即使實際的作業已達當初的理想，然而這個新的標準字是否也存有某些缺點呢？即使無視於這些缺點的存在，也應考慮新標準字可能產生的衝擊是否具有不良影響？如果有，應該採取何種彌補措施呢？諸如此類可能出現的問題，事先就應詳細地考慮、計算、分析。

　　新力公司曾經對世界好幾個國家發佈消息，徵求新的標準字，作為改革作業的參考資料。後來，經過內部的檢討會議後，又決定不採用外界應徵的設計作品。

　　事實上，CIS 作業的基本原理是：確認企業體制中應該保留及改良的部份，然後再進行修正作業、開發階段。而新力公司的標準字，乃至花王公司、森永制果公司等的商標，都經過長時期的考驗，且已建立強而有力的信譽，不應突然作全新的改變，必須配合時代的潮流，循序漸進，採用「再設計」戰略。

三、標準字的形象戰略

　　在不改變公司名稱，只改變標準字的企業中，也有一些成功實例。這些企業運用新的標準字，達到重塑企業形象的目的；松屋百貨便是其中的佼佼者。

　　在介紹松屋百貨的案例之前，闡明一項重要的觀念──相同的企業理念，可藉著相異的標準字或雜誌的識別作用，而予人完全不

同的印象。例如：把 LAMB（小羊）這個英文詞，以不同的字體來表現時，A 字體易讓人聯想到一隻「老羊」，B 字體卻有如「餐廳」名稱的字體，C 字體則像是「肉店」招牌上的字體，而 D 字體又讓人聯想到一隻「小羊」，E 字體倒很像是某本「書」的書名。可見，同樣的一個英文詞會因字體的不同，而引發各種聯想。因此，企業在決定標準字時，必須注意新的標準字能否配合企業戰略的形象。

消費者對各種字體的印象如何呢？經過多次調查後，我們利用上述的字體地圖，整理出大致的結論：

· 「由細線構成的字體」易讓人聯想到纖維製品、香水、化妝品類。

· 「圓滑的字體」易讓人聯想到香皂、糕餅、糖果。

· 「角形字體」易讓人聯想到機械類、工業用品類。

根據這份調查報告，松屋百貨過去所使用的標準字，屬於上述的「角形字體」，易予人重工業的聯想，所以松屋決定改變標準字的造型。新的標準字屬於「由細線構成的字體」，也就合乎百貨公司的形象。

四、「巴而可」的標準字/名稱

在多元化的社會裏，每個人的意見、感受都必須得到應有的尊重，這種時代潮流中，企業內部的構造也產生變革了。現代企業已不是過去金字塔般的組織形式，也不是完全橫向性的組織，而是強調個體與全體間之自由度及彈性的組織。由於這種自由化的作風，當企業決定採用某種新設計的標準字時，便很難使每一部門的人都

感到滿意；而且光採用一種標準字，也不易傳達出多角化企業的整體面貌。基於這層考慮，巴而可（PARCO）設計出數個公司的標準字。

　　一位「巴而可」的經營者提到：「我們協力避免標誌形象的固定化，儘量增強它的曖昧感（也可以說是彈性），從事組織化的宣傳活動。」

　　「巴而可」的宣傳活動具有多重構造，也針對年輕人而設定了多項目標，產生的效果不錯。

　　至於PARCO這個名稱的由來，在PARCO「宣傳計劃大綱」中曾有如下的記載：「公司名稱和商店的形象具有密切關係，必須配合新商店的企劃主旨及企業理念，來執行宣傳計劃。」在許多大型商店的挾擊下，PARCO接收了池袋地方的丸物公司，首先捨棄原有的經營形態，然後成立了集合各專賣店的大廈商場。同時，為了打破原有的「小型販賣店」的形象而設立「巴而可」公司（PARCO），「巴而可」的基本經營構想是推動精密的市場活動，採用大膽的宣傳方式。在此種基本構想下，才產生PARCO這個名稱。「巴而可」的宣傳計劃具有兩大重點：其一是運用義大利語來表現開朗、華麗、熱鬧又俊俏的形象，其二是設計出能傳達「集中各專賣店的大商場」本質的適當語句。

　　根據上述觀念，這家公司的命名原則如下：

⑴新鮮感（這是現代價值判斷基準排名首位者）。

⑵高雅的語句（在大眾傳播如此發達的現代），必須設計出容易發音，而且聽起來很悅耳的高雅語句，才能博得消費者的好感）。

⑶容易記（可增加親切感）。

⑷獨創性（合乎這個個性化的時代、個性化的專賣店，同時為

了塑造走在時代尖端的形象,公司名稱必須力求新奇)。

　　⑸公司名稱應橫寫(對日本人來說,公司名稱當然以採用日語最方便,但若從國際化的觀點來考慮,還是以橫寫的英文字較恰當)。

　　⑹必須能和主要商店的構成要因配合,而產生良好的語感,同時能作為前置詞、關係代名詞來應用。

　　經過數次討論後,才決定採用「PARCO」作為公司的名稱。「PARCO」是義大利語,意思是公園。命名時,是採用英文字母,並摒棄了可作為注音符號的日本片假名,也不採用企業標誌。根據「PARCO 的宣傳戰略」(PARCO 出版的書)的記載,公司高級主管認為即使大眾不會念「PARCO」也沒有關係,因為這只是初期的戰略。

五、具有「親切感」的標誌

　　對日本企業而言,「親切感」的形象常是最足以影響業績的要素。根據調查,那些「具有親切感」的標誌多半擁有具體、單純、明快的特質。

　　一般人對於常見的事物,自然會產生親切感,例如:花王公司的新月形標誌,得到民眾 78%的肯定,因為「月亮」是人們常見且甚為喜愛的事物之一。花王公司原本致力於科學研究,轉向多角化經營後,便把舊有的名稱——「花王石城公司」改為花王公司,但對於普獲各界喜愛的新月形標誌,仍然繼續採用,配合公司多年來積累的形象財產以及 CIS 的推動,發揮了很大的效果。

　　對於常見的人、事、物,其實又有「令人厭惡」、「令人覺得親切」的區別。例如:看到兒童會令人產生親密感,看到可厭的男人

就令人覺得厭惡；鴿子令人產生親切感，而老鷹則讓人厭惡。伊勢丹公司曾經委託國外的 CIS 製作公司，設計出雙葉形的企業標誌，但日本民眾對這個標誌的反應卻不佳。因此，伊勢丹只好再展開作業，設計適合日本國情的標誌。

　　那些構圖或色彩複雜的標誌，得到的評價普遍偏低，當然其中也有少數例外。第一勸業銀行的心形標誌，外形雖然單純，但民眾對它的評價甚高。一般而言，線條稍為粗大、形狀單純、曲線平滑的標誌，比較具有「親切感」。「色彩」也是決定標誌能否普受歡迎的關鍵。

- 日清食品的標誌是紅色。能夠引起食慾的顏色有桃色、紅色、橙色、茶色、不鮮明的黃色、溫暖的黃色、明亮的綠色，統稱為「食慾色」。尤其是純紅色，不但能引發食慾，還能予人「好滋味」的聯想。
- 一般而言，明度愈高的色彩愈缺乏魅力及予人「好滋味」的聯想。
- 高明度色彩中，最佳的食慾色是橙色。
- 黃色比純黃更能引發食慾。
- 綠色較容易予人好感。
- 青色和淡紫色均比純青、純紫，以及暗青、暗紫更能促進食慾。
- 暗紅色因為稍帶紫色系，所以會減低人的食慾。
- 暗黃綠色近似於純而明亮的綠色，很能引人注目。
- 深藍色和淡紫色不適合出現在食品類的外觀中。
- 一般而言，採用綠色包裝的食品不易暢銷。但是蔬菜類的標

籤適合採用綠色，西點麵包、糧果類則應避免採用綠色。

· 過去，有一家大麵包廠採用綠色和藍色系的包裝，結果使得許多顧客都覺得難受。

· 藍色不能促進食慾，但是很引人注目。所以，藍色可以當作食品類的背景色，因為藍色具有調和的作用，能讓人產生好感。例如：米或通心麵等白色系的食品類，總是採用以藍色為背景色的包裝，如此便可強調袋中產品的清潔感。

· 珍珠、項鏈等寶石類，往往裝在黑色系的盒子裏，因為藍、紫、濃黑色系能襯托「白」色的特質。

· Peace 牌香菸盒的設計中，最突出的是字體和色彩。它以藍紫色為底色，襯托出純白的字體「Peace」，使之更引人注目。

· 如果想設計出「強調白色清潔感」的制服，可以採用藍西裝、白襯衫的搭配，一定能發揮不錯的效果。

心得欄 _

_ _

_ _

_ _

_ _

6 企業標準字的設計原則

一、標識字的設計原則要點

　　獨特的風格和強烈的印象是設計標識字時所要強調的重點，標識字設計得成功與否還取決於造型因素，要使其富於美感、親切感和創新感。

1. 整體形態的確定

　　根據企業文化與經營理念的不同，首先確定字體的整體形態特徵，如方正、扁長、斜置或其他式樣的外形形態等。塑造不同個性的字體，有助於準確地傳達企業性質、個性風貌和商品的特性。

　　標識字設計最重要的要點之一是內容的印象表現。企業名稱標識字是企業的業務內容和正在發展的今後姿勢的形象化體現。可是，這種形象是很少以具體的形態得到表現的。於是便要以品名、店名、標題等標識字，表示製品、店、雜誌的內容、特徵和形態等印象。

　　在常見的印象的形象化標識字中，作為表示交通工具和運動的速度感，常常處埋成斜體，在文字上附加上筆觸類裝飾物或加上線來強調。也有表示寶石和光的放射線，以及為表示唱片和樂器等節奏感和音響感覺用音符記號和線形成的濃淡。為了表示外國的化妝

品和洋酒等異國情調，則採用原產國有代表性的風景、建築物、動植物的組合。無論那一種，其印象和形態都已得以固定化。憑藉進一步發展這些表現形式，可以表現新的印象，固定化了的形式也是隨著其時代的變化而不斷變化的。

2.基本筆劃的斟酌

字體的整體形態特徵確定後，勾畫出基本筆劃於適當位置。要注意字與字的大小比例、筆劃粗細、空間架構的配置是否均衡協調。字體筆劃、結構必須遵循規則，雖然可以適當裝飾或簡化，但要符合企業的精神，具備準確的傳達資訊的易讀效果。設計時重點考慮的問題是：筆劃的粗細、線端和曲線的形態、中文與英文的協調、單色與多色的選擇、橫向與縱向組合，以及創新之處的體現等等。

3.排列方向的探究

根據不同字體的基本特徵，確定不同的排列方向。在中外文字體比較上，中文字體可根據設計的需要作直排或橫排的方向處理，而拉丁字體則較適合橫向排列，直向排列由於不符合人們的視認習慣，一般效果欠佳。

橫向排列字體的傾斜處理，可造成一定的方向感，但斜置的字直向排列則會十分不穩定，產生飄落感。連體字在橫排時會產生流暢連貫的美感，但無法拆開作直向排列，也無法保持原有字體的統一感。

4.使用狀態的適宜

為了有效的與視覺識別系統的基本要素組合運用，標識字還需要進行適當的變形設計，衍生造型，豐富標識字的表現力。

標識字的使用有大小不同的狀況，其材質也不盡相同。為了使

材質改變也能保持同一印象，有時要對標識字進行製作上的變化。用於變化的規格調整中除了調整線的粗線之外，還有製成反轉（加上黑底留白）、用面表示的標識字及立體性表現的標識字等。

二、標識字的種類

標識字的種類，基本上可區分為企業標識字、品牌名、產品固有名標識字、活動名、標題標識字五種。

1. 企業標識字（Corporate Logotype）

企業名稱在企業的所有視覺傳達項目上一般都使用同一字體，以統一形象。無論是中文或外文既可重新設計一款字體，也可以選用現有的一種字體，要考慮到字體與標誌的配合是否適宜，更應考慮企業的性質和是否能傳達出企業精神、表現出經營理念，以建立企業的品格、信譽，有助於塑造企業形象。

其中字體標誌（Logo Mark）是根據企業名稱設計成具有獨特性格、完整意義的標誌，具有容易閱讀、認知、記憶以及視聽同步訴求等優點，是近年來企業標誌設計的主要趨勢。如 IBM、RCA、3M、新力 SONY、富士 Fuji、康佳 Konka 等均屬此類文字標誌。

企業名稱大多與標誌商標組合使用，與標誌商標一起都可稱為其企業形象。其設計是極為重要的，要求給予長期接觸的人以信賴感。必須達到從名片等小的東西到高空霓虹燈招牌、廣告等巨大的東西，從印刷到用霓虹燈管的表現都能保持同樣的字形。這未必要完全絲毫不差，重要的是在視覺上的同一，因而有時需要根據使用情況準備標準和細、粗三個等級的企業名稱標識字。

2.品牌標識字（Brand Logotype）

根據現代企業經營的形態與戰略的需要，如國際化的經營、多元化的經營、市場佔有率的擴大和企業形象的保護等需要，企業另一個或若干品牌，為了強化品牌知名度而設計的棱標識字，如松下電器的 Panasonic（為合成詞，Pan 意為全部的，Sonic 意為聲音的）、National（見圖 7-5-1）和日本光學的 NIKON 等。美國的可口可樂公司除了生產風行世界的可口可樂外，基於經營策略的需要，還先後開發了眾多的品牌，如 Sprite，TAB、Mr.Pibb、Fresca、Fanta、Hic 等飲料，為了塑造每個品牌的性格，標識字的設計也盡量體現不同的形貌。

圖 7-6-1 松下電工的兩種品牌標識字　圖 7-6-2 產品標識字

3.產品標識字（Product Logotype）

表現企業或品牌之中生產不同的產品或型號的字體，也稱特有名標識字。（見圖 7-5-2）規模大的企業，即使是同樣的商品也要生產很多種類，為此，都要附上一個特有品名。例如，加上如「小狀元」冷氣機那樣有親切感朗朗上口的名稱。特有名標識字的使用期一般隨著品種的更新而結束，因而與企業名和品牌名相比起來，要求個性和印象度更高。細線構成的字體容易使人聯想到纖維製品、

化妝品，棱角分明的字體容易使人聯想到機械類產品，圓潤的字體則易使人聯想到糖果、糕點和香皂類產品。

4.活動標識字（Campmgn Logotype）

專門為新產品推出、週年紀念、節日慶典、展示活動、各類競賽等特定活動而設計的標識字。（見圖 7-5-3）包括僅在活動時期內使用的短時間內就消失的標識字及每年都在這一季節使用的標識字等。一般來說，這類標識字因使用期限較短，要求形態給人以強烈的印象，但風格不限定，故形式也較活潑、自由。

圖 7-6-3　澳門回歸五周年紀念幣

5.標題標識字（Title Logotype）

報紙、雜誌、單行本、電影、戲劇、電視節目的廣告文案和專欄報導、連載小說、影視專題等刊頭、標題的字體設計，除了明確地區別空間不同之外，並可通過精心的設計塑造個性，表達內容。另外產品目錄，海報標題等也屬於這一類。

三、標識字的標準比例圖

當標識字設計完成後，也需製作標準比例圖和大小不同規格字樣。標識字的標準比例圖的製作方式，一般以等分線畫出正方格子，再視標識字的造型選擇適當的方法，例如：以斜體為表現重點所設計標識字，則應採用有斜向角度的等分線來作圖；而以三角形為基礎設計的標識字，則應採用有斜向角度的等分線為單位。總之是以便於尋求位置、計算面積為原則，要能明確地說明出標識字各字相互間的關係：空間結構的配置、筆劃粗細的變化、角度圓弧的求取、視覺的調整等。

標識字也要根據媒體的不同材質、製作技術等因素製作變體的標識字。

 心得欄 _

_ _

_ _

_ _

_ _

7 企業造型

企業造型（Corporate Character）是指為了強化企業性格，訴求產品特質而選擇適宜的人物、動物、植物繪製成具象化的圖形，引起人們注意，產生強烈印象，塑造企業形象的造型符號。

一、企業造型的分類

企業造型按其存在意義可以分兩種，第一類是具有企業標誌的意義，如英國瓦特涅斯（Watnets）釀酒公司的釀酒桶、英國 P&P 通運公司的旗幟、日本麒麟（KIRIN）釀酒公司的麒麟等。第二類是補充企業標誌說明性質的意義，如美國麥克馬、日本三得利（Suntory）釀酒公司的企鵝、南朝鮮國民銀行的喜鵲等都屬於這類企業造型。

大型體育運動會除了設計標誌外，還配有吉祥物（Mascot），如洛杉磯奧運會的山姆老鷹，亞運會的熊貓，其代表的意義與企業造型的精神相似。

二、企業造型的設計方法

企業造型的功能是通過具體的造型圖案，圖解企業性格或產品特質。設定企業造型要謹慎地選擇題材，理性地分析企業的實態、性格、品牌的印象或產品的特性，並以企業想建立的形象為基準來設定名符其實的企業造型。如女性化妝品業較適合用植物或可愛的動物，來表現溫柔、典雅的情態，體育用品則以充滿力量、動感的動物為佳。

企業造型可從下列幾方面著手設計：

1. 故事性

從家喻戶曉的童話故事或民間傳說中，選擇富有個性、特徵的角色。如英國的 TLT（Tate & Lyle Transport）通運公司採用英國家喻戶曉的威丁頓（Whittington）與貓作為企業造型（見圖 7-7-1）。孤兒狄克‧威丁頓是英國童話的主人翁，他在航海途中，船遇到鼠群侵襲，幸好靠他隨身攜帶的貓根治了老鼠。孤兒水手與貓飄泊流浪、機智勇敢的形象，是 TLT 通運公司選擇其作為企業造型的原因。日本的卡西歐電子則塑造了善良勇敢的鐵臂阿童木形象作為其企業造型。

圖 7-7-1　英國的 TLT 通運公司的企業造形及變體設計

2.歷史性

　　基於人類眷顧歷史，緬懷過去的懷舊心理，或者標示傳統文化、老牌風味，可以歷史性的創造者、文物作為企業造型。如美國肯德基炸雞公司即以創始人山德斯老先生的肖像作為企業造型，以顯示其祖傳秘方的迷人風味。

3.材料性

　　以產品製造的原料或產品的內容作為企業造型的題材，具體而明確地說明企業經營的內容。如英國瓦特涅斯（Watneys）酒業公司以釀酒木桶作為說明企業經營內容的造型圖案。

4.動植物的特點、習性

　　動植物的特點、習性均有明顯的差異。企業可按企業實態、性格，品牌印象及產品特質來選擇符合其精神表現的題材，再賦予其特定的姿勢、動態，以傳達獨特的經營理念。如彪馬 Puma 的飛豹、亞瑟士 Asics 體育用品的老虎等都以動物威武兇猛的特性作為其企業造型。

　　企業造型設定之後，可依照企業經營內容、宣傳媒體、促銷活動的不同而製作各種變體設計，如微笑、跳躍、奔跑等不同的表情、姿勢、動態，以強化企業造型的說明性與親切感。當然也可以只有固定的表情與動態。

三、奧運會吉祥物賞析

　　每屆奧運會吉祥物都有其獨到之處，都與奧運會承辦國和承辦城市的歷史和特點緊密相連。

1984 年美國洛杉磯奧運會所以用 sam 鷹作吉祥物，是因為鷹是美國的象徵（圖 7-7-2）。設計者羅伯特‧摩爾和他的合夥人從沃特迪士尼的作品中選出了這隻鷹，並把它設計成為能使孩子們喜歡的形象。

圖 7-7-2　山姆老鷹及其七種變體設計

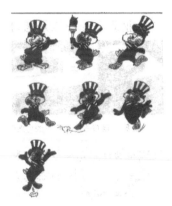

1988 年漢城奧運會吉祥物 Hodori（見圖 7-7-3），這個名叫「Hodori」的老虎被設計者 Kim Hyun 設計成為一隻友善的動物，代表了韓國人熱情好客的傳統。

圖 7-7-3　漢城奧運會吉祥物

1996 年亞特蘭大夏季奧運會吉祥物「Izzy」這個吉祥物是一個幻想出來的生物，他被起名叫做「izzy」。這個名字來源於

「Whatizit」。因為沒有人能看出它到底像什麼。在 1992 年巴賽隆納奧運會結束以後它改變了幾次形象。最後它得到了一張嘴，並在眼睛上增加了閃亮的星星，同時在原先細長的腿上又增加了肌肉，臉上也長出了鼻子（見圖 7-7-4）。

圖 7-7-4　亞特蘭大奧運會吉祥物

　　2000 年悉尼奧運會吉祥物為 Ollic、Syd 和 Millie，馬修·哈頓設計（見圖 7-7-5）。Ollie 是一隻笑翠鳥，Syd 是一頭鴨嘴獸，而 Millie 是一隻針鼴鼠。它們是三個澳洲本上動物，因此選他們作為悉尼奧運會的吉祥物。並且這三個吉祥物分別代表了空氣、水和土地。來自於奧林匹克的 Ollie 代表了奧林匹克的博大精深。來自於悉尼的 Syd 表現了澳洲和澳洲人民的精神與活力。來自幹禧年的 Millie 是一個資訊領袖，在它的指尖上有資料和數據。悉尼奧運組織委員會不斷收到來自藝術家、兒童及世界各地人們對吉祥物的讚賞。

　　2004 年雅典奧運會的吉祥物是根據古希臘陶土雕塑玩偶「達伊達拉」為原型設計的兩個被命名為雅典娜和費沃斯的娃娃（見圖 7-7-6）。根據希臘神話故事記載，雅典娜和費沃斯是兄妹倆。雅典娜是智慧女神，希臘首都雅典的名字由此而來。費沃斯則是光明與

音樂之神。根據古希臘陶土雕塑玩偶「達伊達拉」為原型設計的兩個被命名為雅典娜和費沃斯的娃娃，他們長著大腳，長長的脖子，小小的腦袋，一個穿著深黃色衣服，一個穿著深藍色衣服，頭和腳為金黃色，十分可愛。

圖 7-7-5　悉尼奧運會吉祥物　　圖 7-7-6　雅典奧運會吉祥物

8 企業標準色的規劃

企業標準色是企業指定某一個或某一組色彩，運用在所有視覺傳達設計的媒體上，通過色彩的知覺刺激和心理效應，顯示企業的經營哲學或商品的特徵。

色彩在視覺上最容易發生作用，加上在現代社會中色彩已成為傳達意識的一種工具，因此在顏色的選擇上與形態同樣重要：例如「可口可樂」飲料市場的對象多為年輕人，所以公司選定這種活潑的、鮮明而輕快的紅色作為企業的標準色；而柯達公司的黃色則充分表現出色彩飽滿、璀璨輝煌的產品特徵。

在市場銷售過程中，色彩起著十分重要的作用。運用CIS就是要創造一個看上去像是全新的企業，即要改變企業形象。企業標準色象徵著新生的企業形象，如果它的顏色和以前的顏色完全相同，當然也就起不到改變形象的作用。

國外各個政黨推行主題色，把它統一應用在招貼、海報、頭上纏的布巾和宣傳車上。如誕生在聯邦德國的綠党的成功與其採用色彩戰略是有直接關係的。綠党（也稱綠色和平組織）產生於歐洲的政治危機之中，在當時蘇聯和美國對峙的歐洲，形成了互相炫耀核武器的形勢，人民受到挫傷的感情與日俱增。尤其是與華約接壤的西德，這種感情達到了極限，在這種形勢下綠黨誕生了。它採用了色彩戰略，綠是與新鮮事物相吻合的顏色，又是一般不大使用的顏色，意味著自然，象徵著和平與寧靜。儘管作為政黨過去人們對它一無所知，但在極短的時間裏，綠黨就在選舉中大獲全勝。

據說，吉米·卡特在競選美國總統時也成功地使用了色彩戰略並奏效。選舉色彩，像綠色和平組織那樣，具有明確的主張，當這些主張可以用顏色準確地表達出來時，那就會獲得成功。色彩可以準確地表達意義、形象。群眾是質樸的，只要一改變顏色就會認為改變了本質，但是只把它作為技巧來使用就等於是欺詐，所以顏色的運用是有條件的。

企業怎樣在眾多的色彩中根據自身需要選擇名符其實的標準色，使消費者產生固定的意識，在紛繁的市場中達到視覺焦點的功能？

一般來說，企業標準色設定的著眼點有如下三個方面：

1. 基於企業形象

根據企業的經營哲學和產品的內容特質，選擇適合表現形象的色彩，以表達出企業的安定性、信賴性、成長性與技術性，以及商品的優秀性。

日本大阪煤氣公司的標準色是藍色。煤氣是火的根源，具有危險性。出售危險品的公司渴望安全，藍色是水色，有滅火的形象，因此有安全感。大阪煤氣公司的廣告招牌等都以公司標準色的藍色為底色，對人們顯示著該公司及其商品安全可靠。

2. 基於經營戰略

為了突出與其他企業的差異性，選擇顯眼奪目，與眾不同的色彩，以達到企業識別、品牌突出的目的。應以使用頻率最高的傳播媒體或視覺符號為標準，使其充分表現這一特定色彩，造成條件反射的行動。也可與企業主要商品色彩取得同一化，達到同步擴散的傳播力量。

3. 基於成本與技術性

色彩運用在傳播媒體上非常廣泛，並涉及各種材料和技術。為了使標準色精確再現與便於管理，盡可能選擇印刷技術、分色製版合理的色彩，使之達到同一化的色彩。另外要避免選用特殊的色彩（如金、銀等昂貴的油墨、塗料）或多色印刷。

企業標準色的設定可由上述三個方向來選擇其一，或考慮三者之間的關係選擇。標準色的設定並非僅限於單色使用，可根據表現企業形象的完整性需要決定單色或多色組合。單純有力的單色標準色容易使消費者記憶、印象強烈，是最常見的企業標準色形式。如可口可樂的紅色、3M 的紅色、味全的紅色等。

　　許多企業採取兩色以上的複色標準色，以追求色彩組合的對比效果，增加色彩律動感和完整說明企業的特質。如美孚石油（Mobil）的紅與藍，法國航空公司的紅與藍，AT&T 的黃與藍，TNC 的紅與綠，富士軟片的綠與紅等。

　　採用標準色加輔助色的系統形式，主要是為了區分企業集團子母公司的不同或公司各個部門或品牌、產品的分類，利用色彩的差異性易於識別區分。如日本東急企業集團、加拿大太平洋企業集團都是標誌相同而以色彩區分各部門或廠公司。

　　當企業標準色確定後，應將之與基本要素組合，並規劃各種應用設計項目的色彩配置與使用規定，以加強標準色的展開運用。

心得欄 ---------------------------------------

----

9 企業視覺識別的編排模式

一、VI 編排模式的作用與法則

　　企業經營的理念和產品的特性要通過媒體傳達資訊，告知內容。如印刷媒介一直是企業情報傳達的主要管道，在二維空間的靜止畫面上怎樣創造引人注目的吸引力？又怎樣在同時出現的版面競爭上製造強而有力的表現力？怎樣在長期出現的，多樣產品的情報傳達上，塑造統一性的設計形式？這種具備差異性、風格化的編排模式是逐漸被人們重視的設計要素。

　　廣告代理公司接受企業委託，進行廣告設計、製作時，也應當遵循既定的編排模式，這樣才能通過固定的設計形式，建立統一的識別系統，塑造獨特的企業形象（如圖 7-9-1）。

圖 7-9-1　富士公司針對洛杉磯奧運會規劃的平面設計標準圖

　　上述的版面編排模式是針對印刷媒體的廣告稿而言的視覺識別

計劃之一，而企業所有的情報傳達媒體，如包裝紙、招牌、產品目錄等同樣如此，都需要同一性、系統化地規劃出一整套富有延展性的編排模式，作為視覺傳達設計的有力工具（如圖7-9-2）。

圖7-9-2　白鶴清酒的媒體廣告版面編排模式

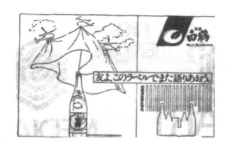

　　一般情況下，版面編排模式必須根據傳達媒體的限制而製作幾種不同的模式。如報紙媒體，需作橫、直兩種模式以符合實際應用（如圖7-9-3）。

圖7-9-3　台灣統一企業的橫直兩種形式的版面編排模式

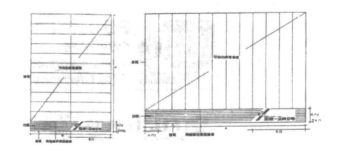

　　版面編排模式確定之後，要繪製結構圖以統一規定，方便製作。常見的有尺寸標示法和符號標示法兩種。尺寸標示法是直接標明尺寸多少，註明各種構成要素（標誌、標準字、企業名稱、標題

字、插圖、文案內容等）的空間位置（如圖 7-9-4）。

圖 7-9-4　信義房屋的版面編排模式

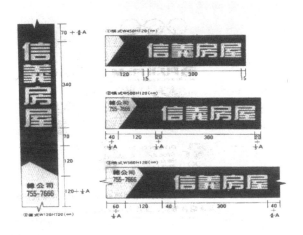

　　符號標示法是使用符號（如 A、B 或 X、Y）來說明其長度、寬度，這種方法的好處在於不受版面大小的影響，可以直接以符號 A、B 或 X、Y 來換算幾分之幾空間上的各種要素的位置（如圖 7-9-5）。

圖 7-9-5　日本 MEDIARTDE 的標誌、標識字組合規定

二、編排模式範例分析

國外的企業都很重視這種模式的持續運用,以強化消費者對本企業的認知與記憶,產生固定的印象。下面以美國 Con Asra 公司為例加以說明。

美國中部內布拉斯加洲(Nebraska)的一個麵粉工廠由於經營得法而發展成國際性的大食品公司,企業名稱也隨之改為「Con Agra Inc」。

該公司的簡要情況如下:

⑴企業:以 Con Agra 為企業名稱,可以應用於文具類、名片、簽名、車輛、廣告等。

⑵分公司:Con Agra 的關係企業龐大,各地分公司只要在 Con Agra Inc 之後附上所在地名即可。

⑶營業部:營業部是總利潤中心,並有許多名稱。例如:食品營業部是 Con Agra Feed Division,製粉營業部是 Con Agra Flour Milling Division。

Con Agra 公司採用 CIS 系統的原因,有以下幾項:第一可以加強企業的認知程度,使社會大眾瞭解其營業範圍和活動領域;第二可以塑造誠實、有創造性和強烈衝擊力的形象;第三有利於以統一視覺的手段,統一所有資訊傳達方面的廣告內容。

從其採用 CIS 系統的原因中可以看出,企業名稱的字體非常重要,因而該公司以瑞士式的粗大字體為基礎。為了應用需要,採用了兩種形式:一是牽就空間,分寫成兩行,一是集中成一行,看起

來有很強的衝擊力。(見圖 7-9-6)。

圖 7-9-6

該公司又把標識字體分為陽體和陰體兩種,可根據底色的明暗程度任選其一。「Con Agra」可以水平或垂直排列,但是在分成兩行時,則只能用水平方式。同時還列舉了幾種禁止使用的方式、方法、手段等(見圖 7-9-7)。

圖 7-9-7

標識字正確用法

錯誤用法

禁止使用的方法

A 行間過大

B 不允許的排列

Con Agra
C 字間過大

ConAgra
D 彎曲字體

ConAgra
E 任意書寫

ConAgra
F 字間過緊

製作商品廣告時，應注意版面上公司標識字的位置，以免產生不良的宣傳效果。

圖 7-9-8

在運輸工具上也做了相應規定，如圖 7-9-8 所例野鳥飼料的 Formax（規範模式）。

心得欄＿＿＿＿＿＿＿＿＿＿＿＿＿＿＿＿＿＿

＿＿＿＿＿＿＿＿＿＿＿＿＿＿＿＿＿＿＿＿＿＿

＿＿＿＿＿＿＿＿＿＿＿＿＿＿＿＿＿＿＿＿＿＿

＿＿＿＿＿＿＿＿＿＿＿＿＿＿＿＿＿＿＿＿＿＿

＿＿＿＿＿＿＿＿＿＿＿＿＿＿＿＿＿＿＿＿＿＿

10 企業視覺識別的設計實施

一、辦公用品系統

　　辦公用品往往應用於企業日常經營的各個方面，對內具有影響職工士氣的作用，整齊、統一的辦公用品能給人以樂觀、整齊、向上的感覺，容易樹立員工對於企業的信心，增進工作的效率。對外，使公眾能通過辦公用品的統一設計，瞭解企業的部份資訊，有助於傳遞良好管理的形象。

　　辦公用品無論是自製的還是外加工的，都涉及規格和標準、形式和格式設計，運用於辦公用品中基本要素的選擇及組合，辦公用品的空間佈局、色彩選擇的設計等。應注重以下幾個重點環節：

　　⑴企業識別標誌及變體、字體圖形、色彩組合必須規範；

　　⑵所附加的企業地址、電話號碼、郵遞區號、廣告語、宣傳口號等，必須注意其字形、色彩與企業整體風格的協調一致；

　　⑶對於辦公用品視覺基本要素的引入，以不影響辦公用品的使用為原則，並在此基礎上增加其美感。如紙張中的基本要素，應位於邊緣一帶，以便給其他要素的使用留出足夠的空間；

　　⑷對於辦公用品的選擇，一般應選擇質量較好的紙品，不能由於成本原因而因小失大。

二、旗幟招牌系統

　　旗幟往往用於企業的傳達場所，懸掛於醒目的位置，如展廳、企業的大門、廣場、工廠外等地方，以便於被企業的員工和客戶識別。

　　旗幟內容的設計往往在企業設計基本要素時同時進行。旗幟的大小要滿足標準國旗的尺寸要求，顏色鮮豔，整體醒目。

　　企業招牌是一種指引性和標識性的企業符號，是大眾首先識別到的企業形象。

　　企業的招牌可分為兩種，一種是路邊招牌，即作為企業宣傳廣告立於城市的高處、街道的兩旁、交通要道的交叉路口及高速公路的出入口等。這種招牌的主要功能是讓企業形象的標識引起路人的注意。另一種為門面招牌，即立於企業的經營場所的門口、店面和展示廳等地方，有招攬和指引的作用（見圖 7-10-1）。

圖 7-10-1

　　由於招牌長期置於戶外，在傳達企業視覺識別基本要素的過程中具有持久性，因此企業在進行招牌的設計中應注意以下幾個問題：

⑴企業的招牌設計應與 CIS 基本要素的設計協調一致,並將這些要素予以突出;

⑵企業的招牌還應與企業建築環境統一協調。

⑶終日置於戶外的招牌,製作時要考慮使用耐用、防水的堅固材料,還要注意安全性和環保性。

⑷在考慮白天視覺效果的同時,還應考慮夜晚的視覺識別效果、燈光效果等。

三、員工服飾系統

員工服飾的設計,既是對企業員工的形象設計,也是企業形象識別的重要媒介。具有傳達企業理念、行業特點、工作風範、整體精神面貌等重要作用。

企業員工服飾的設計開發應當遵循以下原則:

⑴適用性:首先要考慮員工的崗位,如生產工廠的制服,要求穿著舒服的同時要耐髒易洗、方便作業;服務崗位的服裝,則應設計得體面、大方,並且具有一定的特色。同時應設計多套服裝以適應不同季節。

⑵行業性:設計風格要基於行業特色,表現出諸如醫院、通信、學校、賓館、商業等已為大眾認同的服裝模式。

⑶統一性:與已規劃設計的視覺識別要素相搭配,通過款式、色彩、標誌、圖案、領帶、衣扣、帽、鞋、手套等形成企業整體統一的視覺形象。

⑷區分性:在保持整體風格一致的前提下,服飾設計還應當注

意使人對於不同的工作崗位和性質便於區分。

　　(5)識別性：設計要傳達出企業理念，體現出企業特色，能表現出企業是現代的還是傳統的，是創新開拓的還是溫和親切的企業形象屬性。

四、建築環境系統

　　企業建築的設計應提倡企業獨特的風格，成為企業的一面鏡子，而不僅僅是企業的一個招牌。

　　生產型企業的建築物風格，直接體現了企業的經營目標。宏大的建築體現出一種追求高遠的志向，古樸典雅的樓房則體現了精巧細緻的企業文化。從建築物上，消費者能大致對企業的運營效率、產品質量有一個初步的印象。

　　規模較大的商業和服務企業往往採用連鎖經營的模式，採用統一的外觀形象，不僅有助於擴大市場規模，而且對於建立統一的企業形象具有重要的作用。

　　公司辦公室、店面內部裝修是企業對外傳播企業形象的重要場所。企業的標誌、標準色等都可通過製作技術、材料或塗料的選用，甚至傢俱色彩的搭配來很好的表現出來。良好的裝飾可以強化企業整體統一的辦公環境，增強企業凝聚力，提升企業品牌價值。

　　辦公室是企業工作、接待、洽談和休息的場所，良好的辦公環境可以讓員工心情愉快地工作，提高工作效率，增強企業凝聚力。同時可使客戶感受到企業的凝聚力，增強信任感，提高業務成功機率。辦公室一般根據功能分為前台（Logo　牆）、大廳、主辦公區、

管理人員辦公室、會議室、洽談室、休息室等，可根據企業自身條件和特點，將標誌、標準字、標準色應用於裝飾中，形成統一有效的環境識別特徵。

店面是企業產品或服務對外推銷的直接場所，是企業品牌推廣的重要環節。店面直接面對大眾和消費者，週圍環境紛繁複雜，要想吸引客戶就必須具有很強的識別性和統一性。店面、店內的裝飾都應嚴格延續 CIS 系統，這樣才能有效地傳達企業識別，增強品牌印象，進而推動產品的銷售。

連鎖店是企業品牌形象推廣的有效手段，系統地規劃設計顯得尤為重要。如果沒有統一的店堂識別規範，就會浪費企業資源，使大眾無法識別和瞭解企業，同時也不利於加盟商的信任和發展。連鎖企業必須有嚴格的規範，店面、營業室、貨架甚至價簽等都必須有明確的規範，這樣才能使眾多的連鎖店形成一個整體。

規模較大的企業或其他機構的庭院建設對於營造企業文化，樹立企業形象具有非常重要的意義。建築物佈局合理，綠化與道路清潔衛生、標語口號醒目，所有這些渾然一體，形成獨特風格，對鼓舞員工士氣、增加凝聚力具有重要的作用。

相對而言，各種商業及其他服務性的企業更為重視環境規劃效果。因為已經有充分的經驗證明，優美、整潔、輕鬆和愉快的服務場所，不僅使消費者在購物之餘對企業產生了美好的印象，而且以企業文化的特色，點綴了社會的環境，使社會大眾真正在心目中產生對企業形象的認同。建築環境系統規劃，是從內部樹立企業的總體形象，傳播企業的經營理念最重要的環節。

五、陳列展示系統

商品的陳列展示與其他傳播媒體相比較，具有自身的特點和優勢。不僅能將企業的名稱標誌等識別符號極為突出地展示出來，而且還能夠通過實物與模型展示、介紹與表演、散發宣傳品、試用或品嘗體驗等多種方式，使其成為企業向公眾傳播企業資訊的複合性媒介。

企業在進行陳列、展示過程中，可以通過對室內空間設計以及展示流程、道具、燈光的設計，綜合運用圖形、文字、色彩、語言、燈光等方式，借助多種資訊傳播載體，向人們提供豐富多樣的資訊。陳列和展示的開放性使企業相關人員與參觀者可以直接交流，參觀者可以進行諮詢，企業員工也能就有關問題進行解釋，從而實現企業與大眾之間資訊傳播，以及感情的雙向交流。

在進行企業商品陳列和展示的設計時，企業識別的基本視覺要素——企業標誌、標識字、標準色等應包含在其中，與商品的視覺要素同時傳達。如果企業能通過商品的陳列和展示將經營理念、技術水準、服務質量等與企業商品形象的傳播有機結合，就能取得更為有效的傳播效果，從而使 CIS 實施獲得成功。

在設計陳列、展示的主題過程中，可以分別從企業名稱、標誌、標識字、標準色等幾方面進行整體創意，從而發揮基本要素和應用要素的傳達功能。

六、交通工具系統

　　交通工具外觀的設計開發，重在應用企業標誌與基本設計要素的構成組合，尤其是要與車體、車窗、車門結構組合的協調。

　　車輛外觀的設計應與其企業的 CIS 及視覺識別基本項目相統一。車輛的外觀代表了企業的整體風格，各種車輛在視覺上的一致性，能形成具有典型特徵的視覺中心。如車輛的側面可以運用企業標誌、企業標準字和象徵圖案的組合，而車的後面則應用企業的標語和口號等，從而形成統一的視覺印象。當然在設計中應注意線條、圖案的明快、大方，以便能迅速引起行人的注意力。

　　由於不同車輛形體、大小、車型的不同，在應用時還應注意與具體的交通工具相結合，使車輛對企業的宣傳得體、恰當。如對於小車而言，由於其使用者主要為企業的管理人員，因此應設計得簡潔、精緻、高雅，符合小車的固有特徵（見圖 7-10-2）。而大車則需考慮中遠距離的視覺效果，主要強調展示畫面對於視覺的衝擊力。還要根據並利用特定交通工具外形的特點，充分發揮視覺要素的延展性。

圖 7-10-2　OMRON 公司車體

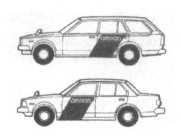

　　企業象徵圖案是交通工具識別應用中最活躍的因素，能夠調節各視覺要素之間的關係。而標準色在遠距離的傳達中則具有突出的作用。如圖 7-10-3，味全公司就是以大量擴展性的色塊、色面，來構建企業識別與車輛識別的橋樑，其黃色條帶和紅色象徵圖案變體，不僅保持了與企業標誌識別的同一性，又能夠引發消費公眾對味全食品的興趣，從而樹立了良好的企業形象，促進了產品的銷售。

圖 7-10-3　味全公司的送貨車輛

七、產品外觀系統

　　產品的外觀式樣是指產品給予購買者的視覺效果和感覺。企業應在瞭解消費者喜好的基礎上，將企業的各種視覺基本要素用於產品外觀式樣的設計中，創造出其他企業無法模仿的產品特性。企業應將企業標誌、品牌、商標融入產品外觀中，使其完美結合；而企業的產品色彩，應與企業標準色相結合，展現美學效果，使消費者覺得賞心悅目。色彩可以是單一的，也可以是組合色；企業可在產品上標上企業的口號、經營理念等，有助於消費者對產品進行識別。在將 CIS 中的基本要素應用於產品外觀設計中時，還應注意 CIS 中的各種要素應與產品特點相結合，與企業整體風格相一致，以形成

正確的產品定位。

八、包裝系統

包裝的基本功能是充當產品的容器,對產品進行保護。從生產到銷售過程中,包裝能夠很好地發揮保護產品由於運輸和裝卸而受到的損害。包裝結構的設計要便於產品的裝卸、運輸、陳列、銷售、攜帶、開啟、使用、消費等。

產品包裝是消費者識別產品的最主要手段,包裝具有充當產品傳播媒介和廣告媒介的作用,這是包裝最重要的作用之一。

隨著經濟的發展,各種同類商品越來越多,包裝在很多情形下充當了「無聲推銷員」的作用,通過富有魅力和獨特的外觀以及註明產品成分、規格、重量、使用說明等商品的基本資訊,對消費者進行購買指導。

產品包裝也是對產品進行廣告傳播的形式之一。具有家族化特徵的產品,能迅速得到消費者的認同,也便於大眾的識別,以實現產品的大量銷售。

在進行包裝的開發和設計時,企業應考慮諸多影響因素,以做出與企業理念、企業形象、產品特性相符的包裝決策。首先要考慮的是:

⑴目標市場特徵。企業在進行產品包裝開發之前,必須瞭解產品所面對的顧客群的特徵,以使包裝設計迎合其需求。

⑵競爭對手的狀況。企業應瞭解競爭對手的產品包裝特色,在此基礎上確定具有競爭力的產品包裝。

⑶產品形體大小因素。企業應結合產品的特徵，確定包裝的大小規格和式樣，有利於顧客購買、使用。

包裝設計要考慮的最主要的因素就是如何體現和樹立企業整體形象。應將視覺識別的基本要素應用於包裝之中，包裝材料、色彩、文字和圖案等因素應與企業的名稱、標誌、品牌、標識字、標準色、印刷體等基本要素相統一，而且，其整體視覺效果應與企業的整體形象相一致。就企業的名稱而言，包裝上應將企業名稱置於統一的固定位置，用統一的背景或統一的構圖予以襯托，使企業名稱處於主導地位，從而取得良好的視覺效果。

對於企業標識字而言，應當成為包裝的中心，因為包裝上一般有大量的文字說明，且消費者往往通過標識字和文字說明來辨認產品。企業的標準色應該成為包裝的主色調，至少應成為包裝上較為突出的顏色。企業的標徽或產品品牌、商標應置於包裝的醒目位置，並將口號加入其中的適當位置，只要有利於提高包裝的整體視覺效果，還可以添加其他一些輔助因素。

另外，對於同一企業的不同產品、企業還可以使用系列包裝，僅在包裝款式、結構、文字說明等方面做一些變化，而在企業名稱、標識字、標準色、企業標誌、產品品牌、商標等方面保持同一風格，以實現系列產品的擴散效應。

九、廣告系統

由於企業形象傳播是一項長期的、系統的工程，因此企業廣告的資訊來源要令人信服，具有真實性，使消費者、社會大眾產生信

任感，才能使企業獲得長期的收益，而不應只注重眼前利益的獲取而進行誇大其詞、虛假宣傳。一定時期的廣告應有一個具有明顯針對性的、獨具個性的廣告主題，並且能準確地將想要表達的企業資訊、商品特點，用各種傳媒組合予以明確表述。廣告的傳播有藝術感染力，使人產生親和感，給人以美的享受。以此縮短企業與消費者之間的距離，使企業和大眾在感情上聯繫在一起。

要使廣告具有實現企業視覺識別、樹立企業形象的作用，在進行廣告設計時，必須科學、合理地利用企業視覺識別的基本要素。就印刷廣告而言，例如，報紙廣告、雜誌廣告、戶外廣告、交通廣告、直郵廣告、購物袋廣告等，應針對不同的廣告媒體及版面位置，對視覺識別的基本要素和編排模式進行合理的利用。其中企業名稱、企業標誌、產品品牌、商標、標識字、印刷體、標準色、口號等要素應與產品包裝上所出現的相統一，以樹立整體統一的企業形象。就影視廣告而言，雖有其自身的廣告規律，但在有限的廣告時間和廣告畫面裏，企業必須將商品式樣、企業標誌或產品品牌、商標加以突出，同時，在畫面色調上也應儘量與印刷廣告相一致，並與包裝、印刷廣告上使用相同的廣告詞。

就廣播廣告而言，雖更有其自身獨特的規律性，但其廣告語言要突出統一的品牌名稱和廣告詞，並與電視廣告的畫外音相一致，同時其音樂也要儘量與電視廣告的音樂相一致。

第 八 章

企業識別系統（CIS）的落實執行

1 CIS 設計手冊

一、設計手冊的意義

　　盡可能使企業的視覺設計標準化，表現出統一的形象向量（IMAGINE VECTOR），是 CIS 的基本目標之一。因此，對開發 CIS 而言，設計手冊的編制是必要的。設計手冊不僅決定了企業今後對外的識別形象，也是實際作業時設計表現水準的關鍵，所以，企業在製作設計手冊時一定要使之真正適合企業。

　　CIS 設計手冊的內容和種類依各企業的情況而有所不同，一般可區分為「基本設計手冊」、「應用設計手冊」、兩種通稱為「企業識別手冊」、「平面設計規範」或「CIS 設計手冊」等。

二、設計手冊的編輯形式

設計手冊的編輯形式通常有如下幾種：

1.「基本手冊」獨立方式

⑴依照基本規定和應用規定的不同，分成兩大單元，以活頁式裝訂，編成兩冊。

⑵使用方便，可隨時隨地參閱小手冊中最常使用到的基本規定。在設計開發方面，儘早歸納基本規定而加以活用，更有助於應用設計的展開。

2.基本設計/應用設計合訂方式

⑴整理基本設計和應用設計的規定，合編成一本，並且以活頁式裝訂。大多數實行 CIS 的企業，都將基本規定和應用規定編輯於同一本手冊中。

⑵手冊中通常涵括各種設計要素和應用項目，而且多以活頁式裝訂，較易保存。

3.「應用手冊」分冊方式

⑴根據應用項目的標準和規定，將應用手冊細分為幾本小冊子。

⑵可分別管理種類、內容不同的應用項目，適合大公司採用。

此外，也可將基本規定分編成數冊，或以小冊子形式摘錄基本規定和應用規定的主要部份。為了達成整體設計統一化、標準化的目標，CIS 設計手冊不宜過於簡略，以免失去它的應用價值。

設計手冊的發行，原則上由公司的經理負責。手冊中所規定的

事項等於公司的指示、命令；違反設計手冊的規定，也就是違反了公司業務上的命令。應用 CIS 設計手冊者，依各公司組織的不同而有區別，主要是處理對外企業情報的部門和執行人。例如：宣傳廣告、促銷、總務、材料預約和營業部的負責人和執行者，利用設計手冊的機會較多，他們常委託那些專門處理企業對外情報的廣告代理商、印刷公司、設計公司等，辦理相關事宜。

公司發送設計手冊的對象，主要以上述應用部門為中心，此外事業部門的員工和各部門負責人，也是手冊的發送對象。設計手冊散發的目的，往往由手冊的體裁來決定。其發行冊數則出上述種種因素決定。手冊中所規定的內容原則上是公司內部的秘密，而不是毫無根據的，設計手冊通常也都會加上各種編號，以便統一管理。

三、基本設計規定

各公司的基本設計規定，依其 CIS 設計的特性而各不相同；換言之，導入 CIS 的企業應根據本身設計系統的特性來編制設計手冊。

四、應用設計規定

每個公司的應用設計規定，會因基本設計系統的特性、企業的項目構成、主要項目的特性、手冊的使用方法和使用者的不同，而產生極大的歧異，所以，很難為應用設計規定下一個統一的定義。手冊的編輯方法，原則上是區分各應用項目的識別原則，每個項目均舉出一個設計代表事例，並且記載了應用實例。應用設計的編輯

形式，主要根據各企業本身的條件而決定。下面是部份應用設計的一般規定——「與標幟符號有關的規定」。

1. 標幟的規定

手冊的「標幟」是指企業識別中的立體企業廣告和設施，在設施內外指示識別性的招牌、標幟牌。

2. 基本空間

為了達到企業標幟的視覺認知效果，企業廣告和設施的週圍必須保留適當的空間。

這裏所提示的是商標、標誌和標準字運用於標幟中的空間規定。

3. 基本空間的容許限度

這個規定提示，當企業的標幟識別無法採用基本空間時，可以容許的限度。標幟的適用設計超過容許限度時，必須先與事務部門取得聯絡並接受指示。

4. 標幟的分類

⑴廣告塔；

⑵建築物的壁面符號；

⑶招牌兩側或直立符號；

⑷門；

⑸辦公室內的指示符號；

⑹工廠內的指示符號；

5. 廣告塔

在所有項目中，設置於建築物的廣告塔特別具有強烈的視覺認知效果。而企業標幟的使用，以傳達統一化的企業水準為目的。

多面性廣告塔的設計，每一面應盡可能予人相同的印象。視覺認知效果最佳的塔面，可採用英文識別的設計，鄰面則是中文識別；如果是 4 面廣告塔，可以英文——中文——英文——中文的方式，交互設計。

6.建築物的壁面標幟

建築物壁面標幟的視覺認知性，根據其建築條件、背景和材料，可區分為 3 種：

⑴遠距離標幟。安裝在大建築物的壁面，可設於離地 10 公尺以上的地方。適合平面，特別是沒有其他背景的平面加上強而有力的設計，將公司的標誌和標準字加工，直接設計於建築物壁面亦可。當建築物的背景有圖案或色彩時，基於基本空間的規定，可利用企業標幟的展示板。此外，在遠距離標幟中，其設計樣本的上下高度也不可低於 10 公尺以下（視設計手冊的有關規定而定。）

⑵中距離標幟。設在廣闊道路對面的建築物壁面，容易被注意到，以裝置於離地 3～10 公尺高的地方為原則。

⑶近距離標幟。站在建築物前面也看得到的符號，以裝置在離地約 3 公尺以內的地方為原則。

五、設計手冊的管理/維護

各企業實現 CIS 計劃後的處理方式，決定了該企業之設計手冊的綜合管理部門和管理方法。例如：設置 CIS 專門部門，或由公司某舊有的部門負責 CIS 的管理業務；而負責管理 CIS 業務的部門，最好也兼任 CIS 設計手冊的綜合管理和維護工作。

　　即使是設計手冊中明確列出的規定，也常產生解釋、判斷方面的迷惑，甚至採取錯誤的施行方法。因此，CIS 的管理部門必須針對種種事例，做出適切的判斷，指導、管理全公司正確使用設計手冊的方法。

　　在推展 CIS 的過程中，如果出現設計手冊裏沒有列舉的要素，就必須制定新的設計用法和規定；這時，CIS 管理部門應根據公司的需要，慎重檢討後再增訂新規定，並給予判斷指示。在能力範圍內，最理想的作法是找負責 CIS 設計開發的設計師商談，共同制定出設計手冊中的新規定。此外，在增補設計手冊時，新頁數的印刷、散發和已經散發出去的舊手冊，必須給予追加的指示。

　　不可避免的，設計手冊中規定可能會產生不合實際需要、適用項目的規定不合理等情況，這時就應該修改手冊中的規定，然後聯絡手冊的發送對象，指示修改後的內容。

心得欄

2 CIS的對外發表會

　　當 CIS 計劃順利地推行展開新設計和設計系統的開發後，下一步就必須考慮對內及對外發表 CIS 了。在對外發表方面，應該在公司改變形象，特別是變更公司名稱等重大事項時，就應儘早向外發表。公司必須明白揭示變更的主旨，對有關人員展開訴求，明確地表示導入 CIS 的意圖，以及公司改革的決心。

　　對外發表的目的，除了明確地傳達公司的 CIS 主旨外，並且能加強全體員工的自覺與決心，使上下每個職員早日熟悉新的指示並牢記於心，作為一種自我更新的契機。如果公司能確認這些重要的目標，作為活動前提，就可以擬定有關對外及對內發表的具體行動計劃。

1. 確認對外發表的方針

　　公司應確認對外發表的基本方針，並以此基本方針為基礎，才能確定對外發表的訴求對象和預定達成的目標。因此，徹底明瞭公司對外發表的目的後，就可以決定訴求的方法、手段，以及訊息傳遞的基本概念。以下是發表前應先確認的事項：

⑴發表的基本意義

　　①公司對外發表導入 CIS 的成果，具有什麼意義？公司在擬定行動計劃之前，應再一次回到起點來確認「對外發表」的基本概念。

②公司對外發表的內容是什麼？（新的企業標誌、或新的公司名稱、新的設計系統，或者是 CIS 的總合成果、新氣象等）。

(2)**對外發表的日期**

①確認發表的意義後，公司再決定發表 CIS 的日期。

②如果涉及變更公司名稱等必須辦理法律手續的情況時，就應將這方面的考慮列為優先。

(3)**發表的基本形式**

①設定發表的中心事項。

②正式的發表形式，例如舉行記者會，或者舉辦新產品的發表會等商業氣息較濃的活動。

(4)**訴求對象和發表活動所達成的效果**

①公司對外發表的訴求對象是誰？如何傳達？如何造成認同效果？這些事項都必須仔細地加以考慮。

②具體規劃各個訴求對象。

(5)**主要的媒體**

先考慮上述訴求對象和效果之間的關係，再決定發表時所利用的媒體、訊息傳遞的工具。

(6)**發表時的變革項目**

根據發表的時機、意義，考慮並準備在期限內非改變不可的項目，以及最低限度的變革幅度。

(7)**其他主要的對外活動**

對外發表 CIS 的同時，如果舉辦其他活動或營業方面的宣傳、傳達活動等，也要事先加以規劃。

2.規劃對外發表的媒體和手段

根據上述事項而確立基本方針後，公司便可針對訴求對象的不同，制定對外發表的媒體和方法。

表 8-2-1　對外發表 CIS 時需準備的資料

訴求對象	發表 CIS 的方法	宣傳要點實例
1. 一般消費者/商人	1. 新聞廣告（一般報紙和經濟性報紙） 2. 雜誌廣告（經濟性雜誌）	①變更公司名稱後，希望大眾知道公司的新名稱 ②隨著公司名稱的改變，希望大眾知道公司的營業範圍亦有所擴張。 ③利用發表 CIS 的機會，讓大眾瞭解公司決意革新的作法。
2. 中盤商/批發商	1. 郵件廣告（問候、寒暄式） 2. 直接訪問（名片、公司產品的簡介）	①闡明變更公司名稱、統一和轉換新商標的主旨。 ②讓他們瞭解並且接受公司導入 CIS 的作法，對於識別系統一時的混亂或不適應之處，請他們給予最大的協助。 ③尤其對於各販賣店，應積極地表明更新識別系統的動機和意願。
3. 股東	1. 郵件廣告（問候、寒暄式）	①闡明變更公司名稱、統一新商標的主旨。 ②讓他們肯定並且信任公司導入 CIS 的作法，對公司的遠景抱持強烈的希望。

續表

4. 傳播界的相關人士	1. 記者發表 2. 提供給傳播界的書面資料 3. 發佈新聞	① 公司所實行的 CIS 有其獨特以及充實的內容，而且具有被報導出來的新聞價值。 ② 接納善意的批評。 ③ 儘量利用宣傳廣告，使社會大眾逐漸瞭解公司的 CIS 政策。
5. 其他	1. 郵件廣告 2. 直接訪問	① 闡明變更公司名稱、統一新商標的主旨。 ② 對於公司的 CIS，採用具有好感的正面方案，有關公司日後的一切活動，請他們給予最大的配合、協助。

3. 對記者發表時的宣傳材料

對外發表的中心課題之一，便是提供並公開適當的情報給傳播界的相關人士。表 8-1 說明了對外發表 CIS 時所應準備的宣傳材料，並列出實例作為參考。另外，宣傳時所採用的郵遞式廣告（DM），也有一定的格式。

⑴ 有關導入 CIS 的新聞通信

將發表新聞的基本精髓以簡易明快的新聞通信形式記述。

⑵ 有關導入 CIS 的說明傳單

① 將導入 CIS 的內容，明示於傳單中。

② 將公司負責人的問候詞、新設計的介紹以及導入 CIS 的過程，以簡潔的形式摘錄出來。

⑶ 新設計的印刷樣本

① 將新的設計要素製作成宣傳廣告。

②公司的新設計圖案日後還會以清晰、精確的形式出現在新聞、雜誌中。

⑷新設計應用於商品和宣傳品上的照片

①準備新設計出現於具體宣傳物的照片，例如招牌、車輛、商品。

②在新聞媒體上打廣告並準備許多小型的黑白宣傳照片。

③為了加強 CIS 的視覺效果，使他人易於理解、接受，所以應準備具體而有效的廣告資料。

⑸公司內部的說明會和業務說明等

①為了使全體員工瞭解公司的政策，必須準備「公司指引」、「業務指引」等資料。

②附上介紹公司發展變遷過程的說明過程。

心得欄 _ _ _ _ _ _ _ _ _ _ _ _ _ _ _ _ _ _ _

_ _

_ _

_ _

_ _

3 CIS 的對內發表會

除了對外發表 CIS 外，也必須對公司內部的員工作一次完整的說明，使他們瞭解公司導入 CIS 的主旨，員工不僅是傳達公司形象的媒體，更是真正影響公司形象的人，如果在 CIS 發表時期，內部員工發生了下述反應，公司就必須重新檢討、調整腳步了。

· 完全不知道公司的 CIS 對手是誰。

· 根本不知道 CIS 是什麼東西。

· 無法理解 CIS 與自己的日常工作有什麼關聯。

· 不瞭解公司發表 CIS 的目的、過程及其重點運作。

· 不清楚公司所制定的新理念，也毫無心得。

· 當外人訪問公司的 CIS 計劃時，不知該如何說明。

· 對公司的 CIS 進展感到疑惑時，不會想去探討。

· 對於公司的新標誌、新識別不熟悉，也不覺得有什麼好。

· 沒有認真考慮識別結構，對新設計的推廣法存在疑惑。

· 最初，公司並沒有認真考慮是否導入 CIS，甚至想用其他方法來取代它。

如果公司內部出現了上述反應，即使公司對外的 CIS 發表會收到宣傳效果，但在實際的運作過程中，仍會產生許多問題。因此，公司應該具備一個新觀念—— 將公司的發展以及發表人的背景等訊

息，先傳達給內部員工，然後再對外發表 CIS。

1. 確認對內發表的方針

⑴對內發表的方向

①以對內發表 CIS 為中心而展開說明。

②先確定這是公司單純的 CIS 發表，或是以 CIS 為中心展開其他理念的教育，或是藉著發表 CIS 的機會來展開其他活動。

⑵發表、內部員工教育的施行時期

以「對內發表方向」的概念為基礎，在提供情報的期間根據其傳達順序（職務編制、各業務間的關係……），以明快的方式提供資訊給內部員工。

⑶對象和效果

考慮不同的訴求對象可能產生的不同效果，例如：對於公司內那一個單位的職員，會產生那一種效果。

⑷必要的宣傳媒體、運用方法

①如果想收到宣傳效果，就必須運用宣傳媒體，建立完整的企劃。

②規劃宣傳媒體、宣傳工具的分配，並企劃宣傳方式、運用媒體的方法。

⑸效果的測定和調查

①在公司尚未展開對內發表時，內部員工對公司發展方向的瞭解程度。

②在公司提供員工情報後，審查其結果並作追加處理。

⑹與 CIS 有關的事件和活動在計劃中的地位

①藉著發表 CIS 所帶來的活力與衝擊，發起新生運動：如果要

舉辦活動，就必須先企劃活動內容、方式。

②與 CIS 有關的計劃、遺留問題的解決方法，如果涉及公司對內發表或發表方向時，必須列出完整的計劃。

2.對內發表和公司未來發展方向的內容

為了讓員工瞭解公司對內發表的重要性，以及公司未來的發展方向，應對員工說明下列事項：

⑴實施 CIS 的進展

①公司對 CIS 有充分的研究，而且此項計劃已進展至可以發表成果的階段。

②訂出對外發表 CIS 的日期。

③公司員工應該對 CIS 具備基本的認知程度。

⑵CIS 的意義以及公司實施 CIS 的原因

①CIS 有助於革新公司的發展方向、改善企業形象。

②以公司本身的立場而言，……（略）。基於上述理由，因此要實施 CIS。

⑶公司員工與 CIS 的關聯和必要的心理準備

①公司的企業形象是由每一個員工共同形成的，即員工決定企業形象的良窳。因此，員工的日常活動與 CIS 有直接的關聯。

②公司員工的言行舉止，必須秉持「員工決定企業形象」的理念。

⑷實施 CIS 的過程

①公司對 CIS 的期望及實際作業的過程、結果。

②員工應瞭解並接受公司推行 CIS 的計劃。

⑸說明新的企業理念

① 公司的新理念體系。

② 建立新企業理念的必然性。

③ 詳細說明新企業理念的內容。

⑹ **關於新標誌的說明**

① 詳細說明新的企業標誌。

② 瞭解公司的新標誌，並產生情感上的認同。

⑺ **設計的管理和應用**

① 企業的外觀形象和識別形象的重要性。

② 公司應嚴格遵守識別系統的設計。

③ 制定今後的識別計劃，包括變卓時新設計的應用、推廣方法。

④ 瞭解新設計的管理和應用問題，以及兩者之間密切的關聯性。

⑻ **統一對外的說明方式**

如果有人詢問公司的 CIS 計劃，應該採用統一的說明方法。

3. 公司內部員工教育

如何提供有效的情報，使全體員工在短期間內瞭解 CIS 的內容和成果，光是針對職務方面作口頭或書面報告，並不能達成預期效果；尤其是規模較大的企業組織，情報的有效傳達更是不易。因此，對於公司內部的員工教育，必須多加策劃考慮，積極展開公司內的啟蒙運動。以下即是內部教育所可能運用的用具或媒體，當然其種類、數量不只這些，重要的是訊息（MESSAGE）及傳遞方法，尤其須時刻意識到：唯有施行確實而有系統的內部員工教育，才能達到真正的目的。

⑴**廣告說明書**

①這份綜合性的說明書，必須包括公司導入 CIS 的背景、經過，以及新制定的企業理念和企業識別。

②每一位員工均分配於某一部門，召開說明會，作 CIS 導入內容的說明。

⑵**內部員工教育用的幻燈片或 VTR**

①利用視覺效果，例如 AV（視聽）工具等，說明公司有關 CIS 導入的背景、經過、新制定的企業理念和識別。

②公司舉辦說明會。

⑶**利用「公司會報」或「CIS 消息」之類的公司內部媒體**

①利用公司現有的媒體，來傳遞情報、提示說明等。

②利用這種媒體的最大優點，是能將員工本身的反應和意見簡潔地記錄下來。

⑷**員工手冊**

編印說明公司新理念、新企業標誌的手冊，讓員工可以隨身攜帶。

⑸**公司內的宣傳海報**

①在海報中提出改革的口號，讓員工有心理準備，提高員工士氣。

②除了海報，尚可利用徽章、帽子、髮飾、展示板等，機動性地展現 CIS 的飛躍和變革，增進視覺效果。

CIS 新聞廣告的對外展開

　　CIS 最初的成果就是企業以某種形式開始 CIS 計劃的行動。而考慮自我改革即需有高級主管的勇氣，還有經費的問題，能克服這種問題而決心創造企業新形象且實際行動，這就是積極性的經營姿勢。之後，經過各種歷程而進入設計開發階段，終於產生形象核心的標誌設計時，就值得給予高評價。

　　不久，當對外界發表施行 CIS 成果的日子來臨時，對外界發表成果是企業值得興奮的時刻；因為，公開發表 CIS 成果就是某時期計劃告一段落的表示，同時是活躍於舞台的開始。

一、全體員工的體認

　　向外界發表 CIS 時，企業本身最需要考慮的是內部意見一致的問題。否則有人問起公司某員工：「貴公司是不是施行 CIS？」若回答說：「喔！是嗎？」或「我也不太清楚，好像是吧！」一定會使問者暗自譏笑。因此員工於公司發表 CIS 時，應該清楚其理由為何，精神上及日常活動應如何配合等；全體員工只有某一種想法時，必須有持續性的努力才能成功。CIS 真正成功的第一步在於公開發表 CIS 成果的日子，員工以何種心情看待；而員工們是否能從施行 CIS

之中，期待更大的成果？

二、企業再出發的廣告

向外界發表 CIS 的方式，大致上是直接通知有關人員或利用廣告新聞，依 CIS 導入的動機和目的而有不同；但是，對社會正式發表仍以新聞方式最為理想，因為它是最能傳遞概念性消息的媒體，其公共性和證據性是其他資訊手段所不及之處。發表 CIS 的廣告總會帶有企業廣告的性質，CIS 是企業理念的新表現，經由開發過程的關係，廣告是企業活動情況的預告。

日本經濟新聞常可看見股票上市的發表或損益結算。股票上市含有公開股票和活動公共化的意思。結算則有公開公司財務業績的意思，發表 CIS 則有企業再出發之意。

人如果訂做一套新西裝，總是想穿起來聽聽別人的評價，蓋一棟新房子時，總是想邀請幾位好友一起聚餐。導入 CIS 的企業也有同樣的心理狀態，重新設計標誌並獲得承認後，總是想對社會公開表達公司的成果。

企業發表 CIS 成果時，CIS 計劃應於那一階段構成呢？例如，基本設計系統完成後即可發表嗎？當然不會！必視所有應用項目對設計的適用情況而定，這須要一段時間，可是經過這一段時間之後，即可知悉適用上的必要結構（設計系統）和適用展開的適當性是否恰當。

5 CIS 視覺項目系統

　　以下所列的是提供參考的項目明細表，在實行視覺項目的同時，如果參考了明細表，相信會進行得更順利。同時，也有必要針對此表所列出的部份和公司原有的項目相互比較判斷；在情報收集的分類上也可以參考此表來進行，用公司原有的方式整理即可。

※基本設計要素	
企業名稱標準字	企業造型
企業標誌‧專用字體	商品名稱標準定
共同的制服	其他附加的要素
企業特質	印鑑類
※公司證件類	
徽章（Badge）	公司旗幟
臂章	名片
名牌	公司專用筆記本
識別證	
※文具類	
主管專用便條紙	一般表格用信封
傳遞消息專用紙	航空用表格類郵簡

公司專用便條紙	備忘記錄便條紙
業務用原稿用紙	文件類送給單
各種商談專用便條紙	郵用信封、人名信封
固定信封	公司專用袋
申請表用信封	介紹信用紙
航空信封	其他用途的文具
小型信封	
※對外賬票類	
訂單、受購單	各種通知明細表
估價單、賬單	委託單類
各類申請表、送貨單	票據、支票薄
各種事務用賬票	收據
契約書類	
※符號類	
公司名稱招牌	各種標示板
建築物外觀、招牌	百葉窗指示板
室外照明、霓虹燈、各種照	路標招牌
明設備	指示用的各種商標
大門‧入口指示	紀念性建築物（Monument）
指示	建築物外觀標準
櫥窗展示	商業用標準招牌
活動式招牌	經銷商用各類項目
※交通工具外觀識別	

業務用車、載運用車	堆高機· 吉普車
宣傳廣告用車	· 特殊車輛
貨車· 巴士類	其他重機器類
各類貨車	
※SP 類	
廣告宣傳單	展示會各攤位參觀指示
商品目錄、業務明細表	展示會用的各種顯示裝置
銷售促銷企劃書、提案表	（公關）雜誌
廣告海報	等促銷宣傳物
銷售展覽手冊、技術資料類	公司一覽表
消費者使用教材、說明書	各種促銷用的視聽軟體
郵寄廣告方式	記者發表會用資料袋
目錄	各種 POP 類
資料袋	
各種新產品類	
季節問候卡	
※大眾傳播廣告方式	
一般報紙廣告	收音機廣告· 有聲廣告類
一般雜誌廣告	電視廣告· CF 片尾圖案
各種專門雜誌廣告	其他有聲廣告
※商品及包裝類	
商品包裝	包裝用的封簽· 粘貼商標
包裝箱· 木箱· 小箱等	專用的包裝材料的包裝標準

各種通知書	各種商品容器（本體·瓶蓋）
各種包裝紙	各種商品標籤、外觀
各種商品設計·徽章	
※制服·服裝	
男性制服（夏季·冬季）	臂章
女性制服	鋼盔·工作帽
男性工作服	領結·手帕
女性工作服	領帶別針·領帶
研究員用作業服等	其他的便服（制服、T 恤等）
有公司標誌的外套·傘	
※其他的出版物、印刷物	
PR 雜誌·紙	公司自辦報刊
股票	各種出版物·公司簡史等
年度報告書	公司狀況
調查資料·調查報告	獎狀·感謝狀
※待客用項目	
洽商的櫃台	專用食具類
接待客戶用傢俱·用具	坐墊
標準的室內裝飾項目（時鐘等）	煙灰缸
客戶用文具類	背包·包袱巾

6 企業文化活動策劃

配合 CIS 戰略的企業文化活動，主要包括文藝演出、舞會、書畫展覽、企業展覽、慶典活動等。企業文化活動的策劃包括以下幾個方面：

一、主要活動安排

1. 準備活動

⑴計劃安排

①活動目的；

②活動時間、地點；

③活動形式；

④活動負責人（單位及聯繫電話）；

⑤可容納來賓的最大數量。

⑵客人名單

①單位及負責人；

②各單位應邀者（姓名、頭銜、地址、電話號碼、回覆情況及時間）；

③接受邀請的總人數。

⑶**請柬設計及發送**

①請柬設計：設計師姓名、位址、聯繫電話，設計核准人及核准時間，設計完稿時間，請柬式樣和內容。

②請柬印刷：印刷數量、印刷者及聯繫電話、完工交貨日期。

③請柬發送：郵寄或發送地址、經手人及監督人、郵寄或發送時間、回覆時間。

⑷**樂隊、禮儀隊、攝影師的確定及聘請**

2.**核心活動**

⑴活動(演出或參展)項目的審查、排序、預演及程序安排。

⑵活動場所的佈置及接待工作：負責人、參與者、所需物資。

⑶開幕式及主持人。

⑷演講者、演講內容及演講稿的審查、確定。

二、基本預算

1.**總額核准金額、意外準備金。**

2.**具體預算**

①請柬設計費、印刷費、郵寄費。

②場地租金、場地佈置費、視聽音響費、花卉租金。

③禮儀隊、攝影師、保安人員及其他工作人員酬金。

④接送人員車費及代客停車費。

⑤演出(參展)單位酬金。

⑥餐飲及其他費用。

三、其他活動策劃

1. 新聞採訪活動

①有關新聞單位的確定：單位、人數、名單、職責。

②企業負責聯繫和組織的人：姓名、單位、電話。

③新聞報導內容和個別採訪者的確定。

④新聞報導形式的確定。

⑤本單位攝影、錄影者及資料彙集。

2. 保安工作

①本單位值勤人員：名單、服飾、值勤地點及班次安排。

②臨時外聘保安機構：單位、人數、聯繫電話、職責。

③當地公安機關協助。

心得欄 _____

_____

_____

_____

_____

7 企業識別系統的公關策劃

　　企業公關新聞是指對有利於一個企業的建立、維持、發展和完善其形象的新近發生事實的報導。其職能主要是：

　　⑴幫助企業加強與社會公眾之間的溝通和理解；

　　⑵矯正或糾正企業在社會公眾心目中不利、片面或失真、誤識的形象；

　　⑶擴大企業的影響，維護和完善企業的整體形象。

　　企業公關新聞策劃，是在服務於企業公關總目標的原則下，對以事實為依據，以最新資訊的選擇、加工、編輯、傳播、反饋等一系列活動以及新聞媒體關係的決策和謀劃。就其廣義而言，包括新聞選擇、製作、傳播的全過程，以及與企業打交道的新聞媒介關係的策劃；狹義則僅指策劃具有新聞價值的活動或事件，即製造新聞。

　　企業公關新聞策劃包括：

　　· 新聞媒體的策劃；

　　· 新聞稿件的策劃；

　　· 企業與新聞媒體之間關係的策劃；

　　· 新聞效果的策劃；

　　· 新聞活動(或事件)的策劃等。

一、新聞媒體的策劃

　　新聞媒體包括印刷類傳播媒體（報紙、雜誌）和電子類（視聽類、廣播、電視）。公關新聞媒體的策劃就是選擇合適媒體的謀劃。各類媒體各有特點，對新聞媒體的策劃就是在充分認識各類媒體的優缺點的基礎上，對企業所需要的媒體進行選擇，選擇時一般依據企業公關目標、新聞傳播內容以及社會效益和效益等原則，使新聞媒體選得切實、經濟、可行，並收到預期的效果。

二、新聞稿件的策劃

　　企業公關新聞稿件的策劃，是從企業的大量資訊中，進行挖掘、篩選、加工、編輯的過程，包括印刷類（報紙、雜誌）公關新聞稿件策劃和音像圖表類公關新聞稿件策劃。策劃內容包括：

　　⑴新聞題材的策劃，即要選取最富有代表性、最具有新聞價值的題材。在選材上不拘泥於一點而要多角度、全方位地著眼於企業發生的新事物、新情況、新成就、新氣象。例如：

　　①企業發展史中的階段性紀念；

　　②企業新技術的實施、新產品的開發、新成果的獲得；

　　③企業獲獎的新情況；

　　④企業聯合、合資、重大突破；

　　⑤企業人事變動、英雄模範人物的新業績；

　　⑥企業參與有意義的社會活動及貢獻等等。

(2)新聞結構(佈局)的策劃,即對新聞材料的組合、安排的總體設計。常見的新聞結構有 3 種:

①本末倒置型結構,即先寫事件的高潮及結果,然後倒敍回溯事件發生的原因和經過的佈局,以起到先聲奪人、引人注意的作用。

②並列雙峰型結構,即所報導的幾個內容處於相同重要的位置,報導時兩條線並行進行,然後在適當地方交待其相互的關聯性的結構安排。

③順流直下型的結構,即完全按事件發生的先後順序,從源頭寫起順流直下,最後交待結尾的結構安排。

(3)新聞結構中重要成分寫作的策劃,即對新聞中標題、導語、主體、背景、結尾等 5 個部份中的導語、主體和背景的策劃。

①新聞標題的基本要求是準確、創新、鮮明、簡練、生動,要有畫龍點睛之妙。

②新聞導語包括敍述式(概括式、結果式、對比式)、描寫式(人物描寫、事物描寫、現場描寫)和議論式(結論式、評論式、提問式、引語式)等 3 種。新聞導語寫作要求凝練、醒目、明快、生動,突出最主要、最新鮮的事實,或提出問題,製造懸念,以吸引讀者,要力求簡潔,切忌冗繁。

③新聞背景材料的策劃,要寫得全面、週詳,又言簡意賅;既簡明、準確,又引人入勝。其目的是為讀者讀正文打下基礎,掃清障礙,引起讀者關注,產生欲罷不能的效果。

④新聞主體的策劃,即指新聞中的主要部份,對導語中已披露的新聞要素作進一步的敍述,它是發揮主題的關鍵部份。其結構順序一般採取時間順序、邏輯順序、時間順序和邏輯順序相結合等 3

種寫法。主體寫作的策劃要圍繞新聞的主題進行，應圓滿地說明和回答導語中提出的問題，與內容和背景材料相呼應，所用的材料要真實、具體、充實並富有典型意義。

　　⑤新聞結尾的策劃。結尾可採取小結式、啟發式、號召式、展望式、分析式等，無論採取何種方式，都要力求簡明扼要、明確有力、富有內涵、引人思索。

三、新聞報告策劃

　　企業策劃公關新聞就是要最大限度地利用新聞媒體進行報導，擴大企業影響，提高企業的知名度、信任度和美譽度，以期給更多的公眾帶來對本企業的良好印象。新聞報導是將企業具有新聞價值的新聞準確、及時和最大限度地傳導給新聞界，引導新聞界加以報導，常用的方法是舉行記者招待會、新聞發佈會和接受新聞採訪等。

1. 記者招待會的策劃

　　企業召開記者招待會一般要有有新聞價值的重大事件發佈，如澄清某重大事件真相、鄭重地宣佈企業的某項發明等。企業開好記者招待會一般要做好以下幾方面的工作：

　　①確定主題；

　　②確定應邀記者名單；

　　③選擇適當的時機；

　　④做好請束發放工作；

　　⑤確定主持人；

　　⑥準備充分的發言提綱和報導內容；

⑦遴選會議的工作人員；

⑧佈置會場；

⑨準備好通訊設施；

⑩安排好會議程序。

2.新聞發佈會的策劃

新聞發佈會是有關企業重大決策和重大發明對社會的公佈，對其策劃要掌握好分寸，既要引起轟動，又要注意保密，開好新聞發佈會還要注意以下幾個方面：

①邀請函件要送達給同議題有關的人士；

②選擇好場地，配備好通訊設施；

③時間安排不要與重大節日衝突；

④設置登記處，並有導引生服務；

⑤備好新聞文件包，逐一發放給來賓；

⑥會議時間不要太長，控制在 30 分鐘到 60 分鐘之間；

⑦會前、會後約請有關記者作進一步採訪；

⑧對來賓要一視同仁，不能分親疏、貴賤；

⑨要有正式的結尾，不能草率收場。

3.接待新聞界的參觀訪問策劃

企業與新聞界的聯繫，可以是新聞界主動的，也可以是企業邀請的；可以是有特定目的的，也可以是無特定目的的；可以是定期的，也可以是不定期的。企業接待新聞界的策劃一般要做好以下工作：

①明確目的，以邀請目的來決定對象、規模和接待方式。

②確定邀請對象及規模，視目的不同而作適當安排。聯絡感情

式一般範圍廣、規模大、對象多，具體目標式相對集中。

　　③安排接送，接送時，細節考慮週到，態度要熱情，服務到位。

　　④制訂詳細計劃，對有關活動的細節進行細緻的安排。

　　⑤配套服務，如提供工作場所，完備的資料，交通、通訊設備等。

四、製造新聞事件的策劃

　　製造新聞事件必須遵循的原則是真實性和不損害公眾利益。一般要在一定時期內的熱門話題製造新聞，要抓住「新、奇、特」去創意，並要善於利用特殊節日、社會名流所發散的光環來借冕獲譽，借光生輝。

心得欄 _____

_____

_____

_____

_____

8 自我革新的方向

一、公司員工必須以推行 CIS 為己任

CIS 的實施，主要是著眼於企業未來的考慮，因此，決定、計劃或實行的方針都要由公司自己參與、擬定和推行。但有些公司卻缺乏這種概念，以為拜託專家辦理後，一切都跟自己無關；或者，既然為 CIS 付出驚人的費用來聘請專家設計辦理，專家們當然要為公司負責到底；⋯⋯這些觀念都是錯誤的。

為了推行計劃，請教富有經驗和實績的顧問公司，較能獲得良好的效果。CIS 必須藉第三者對公司的觀感來統籌企劃，因此聘請有經驗的顧問提供積極的協助是必須的階段，但最後解決問題的仍是公司自己。換言之，主角是公司，而非聘請來的專家。確立公司內部 CIS 管理主體性，由公司員工團結一致地推行計劃，並充分吸收外界各種專家的作法、或資料記載的技術，一切都靠公司自己努力，才是正確實行 CIS 的觀念。

二、對公司內部做徹底的宣傳工作

　　實施 CIS 作業時，需要企業全體員工的協助進行。員工是將企業形象傳遞給外界的重要媒體，如果員工的素質有問題，將為公司帶來很大的傷害。例如：員工的態度、舉止不像樣；櫃台人員對顧客態度不佳；營業人員不誠實；總機人員接電話不禮貌；有公司標誌的車輛不守交通規則……等。

　　一般而言，高級主管比較懂禮貌，但偶爾也會出現態度不佳、目中無人般的舉止行動、驕傲，例如：和客人約談的聚會，無法準時赴約或講話不負責；這種人不多，卻能成為害群之馬。若有以上情況發生，將對公司形象造成傷害。

　　雖然有些行為是屬於私人舉止禮貌問題，與 CIS 無關，但是會帶給客人惡劣印象的態度或行為，如果不革除，又何談改善企業形象呢？所以，將要實施 CIS 的企業，必須將上述情況告訴員工，並詳細說明企業形象和公司的利害關係，以及每位員工都是表達企業形象的重要份子。這些觀念要經常傳達給員工知曉，反覆徹底地在公司每個角落宣傳。

　　應設法收集能引起員工關心的情報、資料，或利用手段來強調 CIS 的意義和宣傳。CIS 計劃進行中所遭遇的問題，也應透過刊物讓全體員工瞭解。如此從各方面著手進行，使員工逐漸培養接受CIS、瞭解 CIS 的基礎。

三、加強對內的訊息傳遞活動

當天的報紙出現某公司實行 CIS 的消息,其刊載內容並特別表達了歡迎各界人士蒞臨參觀的報導。於是,有人打電話給該公司,聲稱極想拜訪並報導該公司實施 CIS 的情況;但由於總機並不知道當天報紙已經刊載公司對外發表 CIS 的消息,所以在接聽此類電話時發生不少誤會,讓打電話的人懷疑該公司員工是否知道此項消息?並認為公司內部的宣傳活動太差。

發表 CIS 當天,公司員工應該以同一步調、合適的態度,來招待外界的反應。當公司對外界宣佈導入 CIS 時,公司也開始變化和進步;推展 CIS 需要公司內部員工的瞭解和協助,而這種進步與開始,是全體員工應有的責任。

CIS 是對員工的一種教育,只是這種教育並非由教師直接講述。高級主管扮演學生的角色來接受新觀念,透過此計劃得到新理念來行動;全體員工也應該如此。

導入 CIS 時,員工的意識當然需要改革,但在這方面,公司的經營者或管理者,往往會犯了如下的錯誤:他們認為員工關心 CIS 是理所當然的事,因此只需傳達有關 CIS 進行的消息給員工,員工的表現就會如同為提高業績般的為提升公司形象而努力,而這一切企業內部的訊息傳遞只是單向作業;即,公司只求將訊息傳達給員工,不計其回饋程度。

屬於外界訊息傳遞的宣傳廣告部需要投下經費,但對公司內部的訊息傳遞,大部份人卻認為只要達到全體員工都知道的程度即

可。其實，高水準的訊息傳遞活動，應該是對外界努力、宣傳廣告的同時，也能得到公司內部相同的認可；並不只是讓員工知道，更必須得到員工誠心誠意的贊同。因此，對內部的傳達，須投注經費。重新教育員工，而不要認為員工是自己人，任何事情都能自動為公司設想，以這種樂觀想法為基礎的行動，將來必有破綻發生。

但是，並非只對公司內部的訊息傳遞投入大量經費，就能解決所有的問題，應該將有關 CIS 方針的決定、啟蒙、教育等步驟，及 CIS 計劃和員工教育系統的配合問題、公司內 CIS 問題的宣傳媒體……等，逐一作有秩序的檢查，定出結論並付諸實行。

例如：對公司的第一現場、工廠的主管而言，CIS 的意義就是藉著提高形象、加強訊息傳遞活動的活潑化中，使工作環境更開朗、又適宜，而這種環境是由工廠員工負責建立，也是員工自己來享受。

某公司對其工廠員工詮釋 CIS 的定義如下：

⑴訊息傳遞的 3S（Smile 微笑、Speed 快速、Smart 現代）。

⑵處理整頓（資料、訊息、事物的過濾）。

⑶清潔、美化（快適空間的創造、維持、擴大）。

類似這種例子，各工作場所都要自行考慮 CIS 的意義，並讓全體員工瞭解後，徹底實行，才能創造出優良的 CIS。

9 企業形象戰略的控制

　　為了便於 CIS 戰略的實施，對原有的 CIS 策劃小組進行調整，成立 CIS 戰略管理機構，並設立「CIS 發展管理部」作為實施、貫徹 CIS 戰略的常設機構。這是因為：

　　1. 企業 CIS 的實施，貫穿於企業日常經營活動的全過程，且需要在實施過程中不斷總結和完善。

　　2. 企業 CIS 的實施過程中，必須要有專門機構與各個部門進行溝通和協調。

　　3. 企業 CIS 的實施過程中，需要對戰略計劃進行動態管理。一方面要對宏觀環境的發展變化進行分析預測；另一方面要對各部門的實施情況進行跟蹤調查，以監督戰略計劃的實施。

　　⑴進行溝通和培訓

　　①對外進行溝通

　　· 召開企業形象方案發佈會；

　　· 散發企業的 CIS 手冊；

　　· 利用新聞媒體和廣告媒體進行宣傳。

　　②對內進行培訓

　　· 舉辦高層管理者、部門經理的 CIS 研討班；

　　· 有計劃地對全體員工進行 CIS 知識培訓；

‧ 進行規範行為訓練。

⑵**跟蹤管理落實和實施 CIS 戰略活動計劃**

①改善公司環境；

②規範員工行為；

③落實公益性活動、公共關係活動及廣告促銷活動計劃。

⑶**監督和控制 CIS 戰略的實施**

①監督和管理 CIS 戰略計劃的執行；

②對各項活動的實施績效進行測定；

③定期檢查、評估 CIS 戰略的實施情況及實施效果；

④對 CIS 進行調整和修正。

　CIS 戰略是一個系統化的整體形象戰略，在導入和實施過程中，必須從戰略內容的系統性、戰略實施的組織性和計劃性、戰略導入的整體性等方面進行把握，不斷提高戰略水準，促進 CIS 戰略的推廣應用。

心得欄

10 CIS 的策劃提綱

一、調查

1. 企業歷史（調查、整理）

2. 企業經營現狀（調查、分析）

3. 企業發展戰略（調查、建議）

4. 企業法人代表、高層管理人員經營風格與個性（調查、評估）

5. 企業組織文化氣氛（調查、分析）

6. 市場同業競爭態勢（調查、分析）

7. 市場同類產品競爭態勢（調查、分析）

8. 企業的社會知名度、市場地位及產品力（調查、評估）

二、策劃

1. 企業形象的社會定位（建議書）

2. 企業形象的市場定位（建議書）

3. 企業的風格定位（建議書）

4. 企業形象的表現戰略選擇（建議書）

5. 企業形象的計劃實施方案（草案）

6. 企業經營的管理辦法(草案)

三、設計(含基本要素、應用系統、細目)

(一)企業精神形象設計

1. 企業理念

2. 企業精神信條

3. 企業標語口號

4. 企業歌曲

(二)企業視覺形象設計

5. 企業標誌：畫法、企業標誌的意義、企業標誌使用規範

6. 企業標準字體：中文標準字體、英文標準字體、企業標準字體的意義

7. 企業象徵圖形(吉祥物)：畫法、意義、用途及使用規範

8. 企業標誌與企業標準字體組合系統：組合方式、使用規範

9. 企業標誌、企業標準字體、企業象徵圖形組合系統(組合方式、使用規範)

10. 企業標準色調系統：主色系統、輔助色系統、主輔色組合、標準色意義和用途及使用規範

(三)企業投資贊助的選項原則及媒體選擇

11. 選項原則

12. 投資期限(長期、中期、短期)

13. 投資方向(工業、高科技、學校、房地產、旅遊、公益事業)

14. 贊助項目(文化體育活動、公益事業、學校、道路擴建)

15. 媒體選擇

16. 聯誼活動

（四）企業對內、對外行為規範

17. 員工訓練：禮儀訓練、素質訓練、技術訓練

18. 內部機構規範

19. 公關活動規範

20. 外部活動規範

（五）企業形象應用系統設計之辦公用品系列

21. 名片：紙質、顏色、用途、設計樣式（中文式、英文式）

22. 公司職員識別證

23. 信紙、信封（中式、西式）

24. 便箋紙

25. 邀請函

26. 賀卡

27. 證書

28. 明信片

29. 有價證券（卡）

30. 獎券（卡）

31. 入場券（卡）

32. 貴賓卡

33. 報紙

34. 公文卷宗

35. 公文信封

36. 公文紙

37.報表

38.資料卡

39.筆記本

40.旗幟

(六)企業形象應用系統設計之廣告用品系列

41.報紙廣告：整版樣式、半版樣式、報頭(專欄)樣式

42.雜誌廣告：跨頁設計樣式、整頁設計樣式、半頁設計樣式

43.直郵廣告：橫式、豎式、二折式、三折式、四折式

44.車廂廣告

45.牆面廣告

46.日曆廣告

47.月曆廣告

48.年曆廣告

49.海報(宣傳畫)廣告

50.氣球廣告

51.戶外廣告：橫式路牌廣告、直式廣告、立地式廣告、霓虹燈廣告、告示、指示廣告、建築屋頂廣告塔、廣告吊旗

52.立體傳播媒體廣告：電視媒體廣告、電台媒體廣告、多媒體(電腦合成)廣告、幻燈片廣告、燈箱(靜態、動態)廣告、模型

53.禮品廣告

54.社會公益性建築廣告

(七)企業形象應用系統設計之交通工具系列

55.公司交通車：造型(外部造型與色調)、車體(廣告)標誌、車廂(廣告)標誌

56. 公司工程車、工具車車體(廣告)標誌

57. 小車:造型、車用飾物與示牌

(八)企業形象應用系統設計之制服系列

58. 公司職員夏季辦公服裝

59. 公司職員冬、秋季辦公服裝

60. 管理人員禮服系列

61. 職員休閒運動服(夏季)

62. 職員休閒運動服(冬季)

63. 職員服飾系列(徽章、飾花)

64. 職員服裝配件系列(領帶、皮鞋、飾物、襪、鑰匙鏈等)

65. 公事包

(九)企業形象應用系統設計之辦公室內佈置

66. 辦公室環境空間設計

67. 辦公室設備(式樣、顏色)

68. 照明燈

69. 壁掛

70. 綠色植物與盆景

71. 櫥窗

72. 部門牌

73. 標誌符號

74. 告示牌

75. 記事牌

76. 公告欄

77. 茶具、煙具及清潔用具

78.辦公桌及其桌上用具

（十）企業形象應用系統設計之包裝系列

79.包裝用封套

80.包裝紙

81.手提袋

82.包裝盒

83.包裝箱

84.包裝造型與圖案色調

四、培訓、宣傳、活動

1.編印《企業識別系統手冊》

2.召開企業形象方案發佈會

3.指導企業形象管理系統組織機構建設

4.系統培訓：CIS 知識啟蒙訓導、高層管理人員 CIS 溝通討論會、部門經理 CIS 研討學習班、員工禮儀訓練

5.系列活動：企業外部環境問卷調查（跟蹤調整）、企業內部環境問卷調查（跟蹤調整）、公司環境改善活動、公益性活動計劃、公共關係活動計劃、廣告促銷活動計劃

6.通過各種新聞媒體廣泛宣傳企業形象。

第 九 章

企業識別系統(CIS)的執行案例

案例一：順應世界潮流的美津濃 CIS

1. 現代企業何以要具備識別系統(CIS)

隨著運動的國際性普及和發展，運動人口逐年增加。目前日本約有 2/3 人口熱衷於棒球、高爾夫球、網球和慢跑等各項運動：有人預測，至 1985 年可能增至 2/4。可見運動已在現代生活紮根，成為時代潮流，有關運動器具的消費者也隨之增加。有人說：「全民運動的時代來臨了！」。隨著運動新時代的來臨，生產有關運動器具的廠商也深感責任重大。

在運動環境逐漸改變之時，美津濃公司於西元 1981 年盛大舉行創業 75 週年慶祝活動。公司歷史幾乎佔了 3/4 個世紀，始終標榜「振興、發展運動」，「將更好的運動用品貢獻予社會」，是公司向有的理念，這種企業理念不致改變。該公司想在 80 年代至 21 世紀更進一步創造運動文化，於是在運動新時代的前端以貢獻為目標的

意念下,決心導入企業識別系統。

2.開發 CIS 的階段

1978 年 9 月,美津濃公司選擇 12 位年輕職員組織 CIS 開發小組,名為 MI 委員會(Mizeno Identity 委員會),並選擇 CIS 專家──朗濤公司為顧問。朗濤公司已有三十幾年國際經驗,尤其活躍於市場和訊息傳達方面,曾協助日本數家企業導入 CIS,經驗豐富,未來想向國外發展的美津濃公司能選擇朗濤公司為顧問,的確眼光獨到。

開發計劃始於莫斯科奧運聖火出發前數月。聖火出發日期定於 1980 年 6 月 19 日,美津濃公司正式被指定為奧運器材供應商。首先是希臘奧林匹亞到莫斯科約 5000 公里的聖火傳遞,選手制服及運動鞋均由美津濃公司提供,而後又決定允許在選手村設置美津濃用品專門店和器材修補店。這是美津濃公司最佳機會,並藉此向世界很多運動選手、有關人士或各方面的運動迷發表該公司產品。

CIS 開發計劃可分為 4 個階段進行:

第 1 階段:訊息傳達分析。

第 2 階段:開發企業識別系統。

第 3 階段:系統的改良和完成。

第 4 階段:系統的展開。

3.現狀分析

為製作開發 CIS 的基礎數據,首先針對現狀各種訊息傳達加以分析而尋找問題所在。

(1)歷史背景

1906 年,創業者水野利八於大阪北區芝田町設立「水野兄弟商

會」，自此展開美津濃的歷史，與日本歷史同步而擴大規模。從創設期以迄戰前，逐漸確立國內運動用品的地位。大戰後，隨著社會運動風氣壯大復興。運動用品節節升高，如今已成為三萬多種運動用品的綜合性運動器材商；不僅在日本，甚至國際上也有崇高的地位。一方面美津濃是將西歐運動介紹給日本人的功勞者，同時是今日國民之所以熱衷高中棒球及社會成人棒球的創始者。如今常主辦各種運動會，或從事後援工作，並透過「財團法人水野運動振興會」、「財團法人水野國際運動交流會」，為振興運動而努力，寫下輝煌的歷史，但是該公司並不以此為滿足，而以創造運動新文化為職責。

(2)**業務形態**

美津濃公司具有製造廠、批發、零售等三層立體構造，這種企業形態在世界上相當罕見。身為綜合製造廠的美津濃，不但具備各種運動用品類(例如：棒球、高爾夫球、網球等)的專門性製造技術，還有廣泛的原料及產品管理。對日本全國各地都有產品供應。與全國主要零售店均保持密切合作關係，不僅如此，也有屬於直接管轄的零售部門，因此能聽取消費者的各種要求和意見，這對改良產品非常有利；為應付消費者日趨多樣化的需求，有關訊息的確不可缺少。

(3)**競爭狀況**

近年來，由於運動的國際化、人口增加，無論用品品質如何，其競爭狀況愈來愈激烈。不但如此，也有其他行業開始生產運動用品，使運動用品界有如處於戰國時代，卻又必須跟隨時代潮流。在此風雲際會之時，為了突顯美津濃地位，必須變更公司組織，以維持蓬勃的朝氣。除了推出「RUSSELL「牌運動服，又預定在 1982 年

完成專營服飾的「千里大廈」，積極開發市場。

(4)各種運動委員會

美津濃公司對每一種運動用品，都考慮消費者從頭到腳的使用狀況，對各類運動都有一套組合，透過銷售網直接供應消費者。這種作風是其他運動廠商無法仿效的特性，因此成為美津濃最大的特徵。換言之，製造時，運動鞋歸於鞋類部門，運動服則統一於服裝部門，如此必能提高效率。一旦上市，就分為高爾夫球用品、滑雪用品、網球用品等，而且每一種類都包括帽子以致服裝、鞋子等成為一套。在這種自縱而橫的結構體制下，設置了各種運動委員會。該公司從消費者購物傾向得知，運動者只購買與自己相關的產品，而絕不會購買沒有興趣的產品(例如：網球選于必會購買球拍、網球用運動服和網球鞋)。運動委員會因此提出，依照各種運動統一性的基本方針，採取均衡的市場活動系統。

但由此情況所產生的產品範圍和品牌價值，若冷靜考慮即知「如何在不將全體形象分散的情形下使消費者瞭解」，這也是一個非常值得重視的問題。

(5)品牌政策

欲表現企業形象的關鍵媒體是商品，因此產品名稱對 CI 而言是重要的問題。

商標、專利等權利於西元 1899 年傳入日本，成立的歷史已有 80 多年。美津濃公司自創業後，對這些權利就有先見之明，除了從「勝利牌襯衫」得到暗示的翻領運動衫外，波士頓皮包、荷蘭式領巾、大衣風格的毛線衫等，都成為美津濃產品的普通名詞。如今，美津濃登記有案的標誌已超過 1000 種，其中 OLYMPIC、小學、中

學、大學、WORLD 都是申請於大正年間,倘若是現今就無法獲准了。另一方面,擴散品牌名稱也會產生形象混亂,必須整合於某種品牌之下,才會有系列的統一性。

(6)視覺統一性問題

美津濃公司的標誌歷經多次變遷,1917 年獲得「冠軍杯標誌」商標權。自此以後,運動用具均附上冠軍杯標誌,運動衫則附上日出標誌,因此,日出牌運動褲、運動衫有一陣子受到社會人士熱烈歡迎。後來,標誌均由美津濃和冠軍杯標誌代表,日出標誌不再出現於市場上的統一性用途,只作為公司徽章,一直維持至今。冠軍杯標誌、美津濃、MIZUNO,經過多次改良而成現狀,可是,在必須配合時代潮流的運動用品方面,公司認為不夠現代化、缺乏活潑動態感。由於趨向安靜的形象,無法產生魅力的情感,憚思竭慮之後,遂全面變更成現在的標誌。

此外,公司標準色原本也無特定顏色和組合。紅、黑色組合的購物帶、經銷店黃色缽型招牌,都頗為引人注目。可是以統一性效果而言,這種顏色使用法實欠週詳考慮。

(7)消費者形象調查

如上所述,除分析各種訊息傳達的現狀,同時也進行消費者形象調查。其方法是以東京、大阪共 600 名為對象,直接攜帶代表性樣品至家中會談。調查項目有如下幾項:

①對美津濃公司及其競爭對手的認識程度及觀感。

②對目前美津濃品牌的認識程度及其相關性測定。

③測定對企業的價值觀。

調查結果,各處對美津濃均有相當的印象,知道它是產品眾多

的綜合性日本廠商，從那裏可以購得所需用品。可是，對合乎時髦性和現代性形象，大致低於中等程度。因此，加強時髦性和現代性形象以合乎年輕人所需是當前之務，因為運動業界相當講究合乎時代潮流的產品。

4. CIS 的基本方針

從各方面現狀分析結果，再經考慮而決定 CIS 的基本方針如下：

①由 75 年歷史和傳統中所產生的強力理念，必須反映於新 CIS。

②明確分別美津濃於國內、國外競爭市場的地位。

③在不破壞傳統性和高品質性形象下，將現代性的感覺帶進美津濃。

④為統一企業和商品的視覺性而系統化。

⑤整合品牌後，確立其系統。

5. 設計計劃

⑴決定新字體標誌(Logo Mark)

依上述基本方針而決定統一性字體標誌。其設計概念如下：

①形象：可表現運動的開朗性和健全性。

②恒久性：可應付從 80 年代到 21 世紀的時代變化。

③社會性：合乎傳統一流廠商之運動用品格調。

④國際性：適用於世界著名運動廠商的國際性設計。

⑤時髦性：符合時代潮流所需。

⑥多樣性：能應付各種媒體的柔軟性機能。

除在上述的概念下決定新字體標誌外，也決定公司徽章保持不變，漢字公司名為「美津濃株式會社」，片假名為「ミブノ」（以前為「ミヅノ」），英文公司名為「MIZUNO CORPORATION」。

⑵公司標準色

採用藍色二色調(鈷藍色和天藍色),表現運動的速度感和新鮮感,同時也表達企業的嚴正格調及穩定性。

⑶企業標語(THE WORLD OF SPORTS)

從職業到業餘都屬於運動世界。在日本、世界各角落的運動場面都有美津濃的形象存在,表現出要創造運動文化的氣氛。

6. CIS 導入計劃

1980 年 6 月 12 日美津濃公司向外界發表,自翌日(13 日)起導入 CIS。同時,東京店及大阪店的店面招牌、女性員工制服、名片、職員名牌、新聞廣告、電視廣告最終標題字幕等均有所變更。其他營業用車輛、經銷商店面招牌、包裝紙、購物袋、信紙、事務用賬票等辦公用品、各營業所招牌、簽字類、商品包裝、附有紙簽的紙盒等,都以三年為期來完成。80 年代至 21 世紀之間,運動發展愈來愈普及,極具潛力。新字體標誌使世界一流選手及一般運動愛好者均有親密感,成為新時代運動文化的表徵,前途美好,這也是負責設計的朗濤公司所期望的一種社會性責任。

案例二:提升公司士氣的伊勢丹百貨CIS

（一）向創業百週年的輝煌盛事前進

1975 年 9 月，伊勢丹公司捨棄使用 89 年之久的⑰標誌而改用新標誌。當時，無論公司內外都產生一陣騷動。1979 年 9 月，伊勢丹公司完成改造(remodel)總公司的第一期工程，至 1980 年 3 月中完成建築物的一切裝潢。這完全是為了紀念創業 100 週年而準備，更新標誌也是其中一部份。伊勢丹公司自創業至今，一直以顧客第一為先，積極推行配合時代潮流的經營策略。但是，當時很多人批評伊勢丹公司「缺少年輕人朝氣勃勃的氣氛」，或「缺乏當初創業時的革新精神」等，因此，伊勢丹公司將這些社會批評分析檢討之後，計劃革新並實行新形象。實施一年前，伊勢丹委託美國 Walter Landor Associates 所屬通訊調查社調查形象。調查對象包括伊勢丹公司的主管、全體員工和顧客方面等，範圍相當廣潤。結果很意外地，比起其他同行而言，顧客對伊勢丹的形象相當好。但是為了將來的發展和新魅力，仍須制定新標誌，決定從視覺方面革新形象。

革新企業形象以業務活動為第一，並配合公司內部組織體制、人事制度等。因此，以制定新標誌為機會，使管理主管確立新觀點，創造朝氣活力的公司新形象。為實踐顧客所能瞭解有價值商品的買賣，將目標放在創造令顧客們喜愛的年輕風味。

（二）形成企業「面貌」的作業

企業應將本身所持對社會的使命及理念等，向社會大眾表明並

使其瞭解，尤其是零售商必須得到顧客的良好印象，才能期待日後企業有所成長發展；簡而言之，就是經營戰略重要的一環。將企業活動、企業形象準確傳達於社會的方法愈來愈複雜，而且公司的企業形象含有各種要素，包括商品、員工對顧客的服務態度和內容、店面裝潢和氣氛、廣告宣傳等，是造就形象的要素之一。伊勢丹也不例外，綜合上述各種要素，才會產生對伊勢丹的形象和判斷。當然，相同的宣傳廣告中，受者聽產生的形象和評價並不一致，卻也有相同的可能。公司統一性的功用是要向外界表現企業公司性格，使顧客深刻瞭解企業形象，也使企業和社會有連續而良好的關係。正如同一個人梳洗又化妝，就能產生一幅姣好的臉孔，企業正是也有某種個性的「面貌」。

（三）基本形象──年輕風味和革新

企業要強調那些特性呢？使顧客們聯想到什麼呢？這些問題必須清楚。在此所介紹的伊勢丹公司，經過朗濤公司協助而決定了如下的基本形象。

①時髦的領導者。

②對明日的生活提出建議。

③富人情味、親切感。

④毫無虛飾、又可信賴。

⑤不斷的成長與發展。

這就是伊勢丹公司所要告訴社會的形象，也是該公司的「面貌」，其重點是強調年輕氣味和革新。

1. 企業標誌的設計和標準色

欲確立和傳遞企業形象時，最重要的是視覺性手段。形象是無形的知覺，依受者的感覺而不同。可是，視覺是從感覺中產生形象最重要的因素，視覺中最重要的是企業標誌和標準字體，尤其對公司外界而言，企業標誌無法與企業本身分離。雖然企業標誌並不完全代表形象，但是對人的心理會發生重要作用，因此，企業標誌是一種情報、媒體，也是傳遞的方法之一。

企業標誌可以用於店面招牌、廣告物、包裝紙、購物紙袋、制服等；所以，一年之中讓人看見的次數並不是幾十次，也許會是千萬次。由此可見，在傳遞企業上具有強大的形象，故在應用各方面所產生的印象絕不可散散落落，必須有統一性才能強化形象，而一貫的形象和性質才能做出有效的設計。

以下具體說明企業標誌設計和顏色。設計重點在於重視企業標誌的美感和強力感，簡潔而有獨特性，並考慮大眾所產生的反應。

伊勢丹公司的標誌自 1974 年 5 月開始設計並從美國 Walter Landor 的幾項建議中選擇二項，經過調查和討論，最後決定現今所使用的標誌。這是植物萌芽在陽光照射下，表現一股充滿朝氣中發育和成長的姿態：暗示伊勢丹公司成為與員工一起配合顧客，而對顧客有週全服務的新公司。伊勢丹原本就是顧客至上主義、共存共榮、價廉物美、尊重人性的公司。如今又從新意義上表現和發展這些性格，更透過對顧客的服務而表達年輕活潑的新形象。

公司標準色則採用橙色。決定標準色之前，先調查都市顏色，結果發現新宿地區，偏愛橙色；同時，橙色是高明度色彩，易引人注目，使人聯想到溫暖、豐收等。這一切就是決定以橙色為標準色

的理由。

⑴可應用於各方面的新標誌

新標誌從 100 多件建議案中脫穎而出，決定過程中，也經由團體問卷調查結果的分析，可以說是經過預備測驗後，得到以下的結果：

①具有格調、穩定性和傳統感。

②合乎一流百貨公司的風格。

③令人感受到商品的優良性。

④很有都市感、明朗感、年輕活潑感。

⑤富有成長性、國際性。

此標誌具有裝飾作用，因此使用上極富彈性，可應用於多個方面。例如：在包裝紙、購物袋上，能做出連續性圖樣、加入次要的廣告成分，也可依季節而適當改變顏色、店內裝飾、或配合 POP 廣告使用。

⑵設計管理應徹底施行

雖然應用範圍很廣，但要注意不可分散形象，在整體上須考慮統一性；當然，百貨店的獨特用法除外。關於設計管理，則必須按照標準圖案的設計手冊應用，因為設計手冊明示有使用的好壞例子，以求設計一套能適應各種場合的系統。開始時，是由「形象委員會」事務局負責管理有關標誌的使用，待一切上軌道後，由廣告課負責管理；具體上，公司內各種事務用賬票及用品，有標誌大小、色彩、位置等指導。由此可見，公司正努力使員工瞭解 CI 戰略的意義。

在作業中，整理辦公用品時，若察覺有浪費現象，經過檢討，

應適當減少經費開支。關於廣告和店內宣傳物，由於是顧客看得見的重要部份，所以另外製作基本性使用設計手冊，自負責人到一般員工都要從中徹底瞭解，疑問之處，則請教負責廣告的單位。尤其是新聞廣告、海報、霓虹燈招牌、宣傳單、DM 等廣告製作，必須配合設計者決定標誌的大小、位置和顏色；基本上是易使觀眾注目的企業標誌。決定使用標誌大小的基準、海報比例所使用的各種大小標誌、顏色及位置，也是廣告時所要注意的細節部份。

2.決定企業標誌

更換新企業標誌已近七、八年，其認知度如下：

⑴關東地方──88.3%

1975 年 9 月公開新標誌。翌年 5 月以光臨伊勢丹的顧客為對象進行調查，70.8%的新顧客已認知新標誌。同年 8 月 ODS 調查顯示，東京地區有 47%的認知度。1979 年 ODS 調查，關東地區是 88.3%，大致而言已認識新標誌了。對日本全國顧客調查，知不知道以下標誌代表那一家公司」的結果如下：雪印乳業 81.1%，味之素 71.7%，電電公社 71.7%，全日本航空公司 70.3%，山葉公司 69.7%，勝利音響公司 69.5%，Suntory 造酒公司 67.6%，伊勢丹 41.8%。

⑵合乎新時代的企業

在 CI 戰略上，日本伊榮藤百貨、第一勸業銀行、松田汽車等標誌或公司名的變更非常有名。伊勢丹雖然歷史悠久，但是決定變更新標誌，這種行動未來會受到什麼評價呢？說起來，幫助變更的各顧問公司也很關心這些問題。改變標誌和店面裝飾是表面性，對顧客而言並沒有什麼利益，因此，公司所有人都必須加入此行動，對顧客傳遞或回答改變標誌的意義。

　　為了準備創業 100 週年活動，及強化 80 年代零售業的形象，更有變更標誌以求刺激的必要，並藉此自覺及肩負對社會的責任，合乎 CI 戰略的意義。歷經 90 年傳統的伊標誌，由該公司決定是否應該改變：當然具有強烈古典形象的伊標誌，本身並沒什麼缺點。

　　不過，公司考慮到伊勢丹未來的形象，尤其趁著創業 100 週年的機會更換新標誌，求得合乎新時代的傳遞手段，才是制定新標誌的意義。由於該公司瞭解目的，想確立合乎新時代的企業，改造計劃才會如期的完成。為了使社會生活水準更高更豐富，該公司與有直接交易的公司員工同心協力，以創業至今「顧客至上主義、廉價良品、共存共榮」等意念為基本，配合親切的服務，共為美好的目標邁進。這一切未來發展的新知，可從標誌和公司大樓的改建上看出。

心得欄

案例三：要統一企業形象的美樂達CIS

1. 開發 CI 程序的動機

1978 年 11 月為 MINOLTA 相機創業 50 週年，並已確立立案商標的信譽。可是在使用方面卻沒有固定的規定，使愈來愈多的廣告活動產生困難。

⑴使用沒有統一的標誌

最令人為難的是印刷物與商品上的字體不一致。相機上過小的字體即是一例，結果無論是宣傳、廣告上，往往有二種不同字體出現，對公司確立統一性制度有不利影響。

⑵需要新商標

基於上述情況，各地經銷商往往自行解決這種困境；如果傾向繼續下去，對世界市場必會產生損害。MINOLTA 原為專門照相機的公司，其後事業擴大，生產辦公用機器，多角化經營後，更製造醫療機器及天象儀(Planetarium)。因此，商業界交往的對象和使用目的也愈多姿多彩。為告知社會大眾 MINOLTA 現有的企業狀況，以及避免分散企業形象，必須制定新商標。

一般而言「與其他公司差別化」是 CI 大目標之一。為達此目標，必須有相關的市場系統化活動，而此活動核心象徵是商標。因此，新商標的必要性，引起公司主管的關懷。

⑶統一集團中各公司的意識

MINOLTA 集團各員工必須有統一意識：為達成 MINOLTA 的目標

和意識統一，必須有適當的方法。

依上述情形，總公司終於發表對世界各國 MINOLTA 分支機構或代理商店，禁止私自變更字體，並決定開發世界通用的統一性字體和標誌。

2.成立 CI 委員會

1979 年 2 月由開發、生產、販賣、廣告、宣傳、管理各課派課長級人員，以組織 CI 委員會。委員會直屬常務董監事會，會中針對各課所提意見而討論，並接受常務董監事會指揮，如此相互配合。

⑴從選擇設計者著手

有關開發單位應從企業設計觀點選擇設計者，但是營業有關單位則提出必須使 CI 與銷售有密切的聯繫設計，然而因此所產生的視覺性設計，易帶有個人嗜好，故需追加權威性。選擇外國一流設計家時，該公司從歐美著名設計公司得到各種估價單，並對這些設計公司的資格和與 MINOLTA 公司的交情加以檢討。結果選擇由映射界富有盛名的世界級平面設計權威蘇爾‧巴斯(SaulBass)先生負責。

⑵與高級主管會談

訂立設計契約後，蘇爾‧巴斯公司開始分析 MINOLTA 的種種。與一般名設計公司作法相同，首先拜會各級主管以聽取意見，配合日後的設計基準。

原本要同時進行的企業形象調查，由於公司廣告單位已有數年持續調查和與同業數家公司比較的豐富資料，可以立即使用。

蘇爾‧巴斯公司於日本早已設立總代理商，名為「海外資料服務公司」。由於此公司的協助調查，已掌握「顏色」和「形象」的關係，這些調查結果對標準色有決定性作用。

3.設定設計基準

從以上分析結果，對公司的 CI 觀感上有如下決定，也成為MINOLTA 公司獨立設計基準。

①Vision：對一切視覺情報挑戰的企業。MINOLTA 原本就重視視覺情報的品質，而這種品質的原點是「光」。

②Innovation：革新的企業。技術革新之外，MINOLTA 於以訊息傳達為重心而展開的市場革新上，也有領先的地位。

③Technology：高超嶄新的技術。以光學為核心，配合精密機械技術，又導入電子尖端技術，以開發獨創性的產品。

④Quality：高品質。MINOLTA 公司產品優良，而且價格便宜，整體製作非常理想，表現出高品質。

⑤Conmos：世界性和協調性。超越語言、歷史、國民性等，有效的通用於各國，表現此公司的國際性協調形象。

⑴提案設計

為應付世界各地市場需要，設計工作快馬加鞭的進行。1980 年3 月底，於大阪總公司將公開設計案件提案給高級主管。

⑵新設計的挑戰

會議上代表各單位的委員，針對設計進行檢討。有人提議必須如像機械般精密與準確，也有人要求能應用於電視節目或室外廣告塔的彈性設計；總之意見眾多，構成要素顯得很複雜。巴斯先生說「此項設計對 MINOLTA 公司各方面都會有提高形象的要求」。如果輕易的將這種新設計用於替代舊標誌，必產生不太好的效果，也因此會有內部各種的意見。但是 MINOLTA 仍毅然的對新設計挑戰，因而得到最後的承認。

以此事為踏板，MINOLTA 終於在各方面邁向更高的領域。

⑶配合新產品發表 CI

承認新設計的同時，開始修飾設計和製作標準手冊，並設定對外界發表的日期(V-DAY)。由於 MINOLTA 是製造廠商，因此 CI 委員會認為對外界發表時，必須商品或多或少有關連性。立刻將新產品計劃和 V-DAY 計劃配合整整，這是介紹發表新產品與 CI 同時進行，其時間決定為 1981 年 2 月初旬。

除新產品外，一系列的物品均導入新商標。為達成目標，應比 V-DAY 更早訂立標準手冊的內容，而此工作必須仰賴負責人和巴斯公司密切連絡進行。由於選擇照相機作為發表的新產品，對此項產品所出現的空間狹小問題，巴斯先生經過多次思慮及會議而慎重檢討。

4.導入三項重點

依上述計劃,MINOLTA 於 1981 年 2 月 5 日對外界導入 CI 系統的消息。基本上採取三階段導入方法：

①當日所需準備的統一性物品。

②須依照順序導入的部份。

③須充分時間檢討方可導入的部份。

這種方法可避免一時性的開支及使作業集中，有充分時間檢討技術問題，不致留下考慮不週的遺憾。尤其是招牌、車輛的表示等，應考慮耐用年數、契約期限，以免浪費，也可以確立技術基準而統一設計，才合乎 CI 的作法。

⑴以促進販賣部份為優先

MINOLTA 導入 CI 的動機，是為了作為市場活動的手段，因此

導入新的標誌，當然以與市場有關的部份為優先方針。原來作為市場活動工具的產品說明書、海報、展示、包裝等，均須重新製作或意識性的改變，以便將店面外表視覺統一化。應注意的是，新企業標誌必須從市場上現有的工具，更進一步使所有推銷物品能作為大的註冊商標；凡此均需有一貫性設計政策。以往在簡單作為標準字體的感覺下，隨易掃入媒體中，如今就有類似目的的使用。因此，處理此問題的員工必須改變過去的處理態度，只要推行 CI 政策時，員工能深入瞭解，即可期待持續性的展開。

(2)**庫存的事務用賬票及辦公用表格**

事務用賬票及辦公用表格做為市場活動工具的色彩較淡，可以遲緩進行；當這些表格的庫存品用盡時，則必須換新。CI 委員會成立時，非常注意這些庫存品，其中事務用賬票類庫存過多，但不致防礙 CI 實行的作業，可繼續使用到無庫存量為止。雖然速度遲緩，但作法很妥當。

(3)**以新名片、新胸章加強員工意識**

CI 活動是全公司性的活動，全體員工開誠佈公的參加才能成功。要使員工有參加意識，對他們身旁的物品有新設計才能發揮，因此，員工使用的名片、胸章、制服上的標誌等，都是最好的目標。

尤其是推銷單位的員工，擁有新標誌的名片，不但可作為市場活動工具，也能加強他們參加的意識。制定新 MINOLTA 胸章，頒發給全體 1 萬多名員工。由於設計優美，受到大家歡迎，有益於達成目標。

5.導入的效果

(1)儘量予以統一

CI 系統推行工作，並非由 MINOLTA 公司中某一單位負責，而是由與實務有關之單位編成小組，經各部門各自主安排預算推行。尤其宣傳、廣告、促銷部等單位，就分為國內和國外營業二部份，隨處理產品的差異，加上以往即各自計劃推行，各單位間缺乏聯絡。於是，過年時所印的月曆，往往依單位而有不同的印刷。

此次即由數個不同單位的人編成小組，專門處理各單位間不同的部份，儘量予以統一。這對 CI 系統導入會產生好處，即使開發 CI 的經費，用於正途。

其他，經過檢討的現狀機能，或廢止、或改良、或綜合，減少長年浪費的經費。

(2)增加對標準化、簡潔化的瞭解

生產部門和管理部門的工作原則，是依照原來的作業手冊進行，但是創造性的營業活動就無法記錄於作業手冊，因此，欲進行新活動時，應展開於新構想之下。營業活動、宣傳廣告、推銷活動等，在工作分量少的時代，並不會有什麼問題，可是若在現代，依創造活動的原則，必須有標準手冊。

CI 推行與創造活動的自由程度，總是不太能配合得宜，保留創造性作業中有創造變化的部份暫時保留，而只將其中機械性部份手冊化，對 CI 中的大部份 VI（視覺同一性）而言，是不可或缺的作法。如此才能將精神集中於創造性的部份，期待真正的創造性。依此構想，筆者對公司內外有關人員進行調查，速度雖然不快，但是逐漸獲得他們的瞭解。

⑶**員工道德正義感的提高**

MINOLTA 公司 CI 程序中的最後項目，是以提高員工道德正義感為目的，CI 是全體員工的活動，為達成果，必須讓 CI 給員工某種利益；如果捨此不談，而只求員工參加，也許效果不佳。因此，在確認企業理念和行動方針的同時，重新整理公司內的組織、改善員工待遇和人事制度問題。以提升員工士氣和期待感，推行 CI 也將成為更受歡迎的措施。

心得欄

- -

- -

- -

- -

- -

- -

案例四：重塑企業經營理念的華歌爾 CIS

　　華歌爾公司如今已是世界聞名的女性用品公司。1979 年 11 月 1 日是 WACOAL 公司創辦 30 週年。此公司已導入 CI 計劃，是內外均有形象革新的進步中企業。導入 CI 計劃是為了適應社會環境，同時檢討公司內部，矯正內外訊息傳達的隔閡。但是，WACOAL 公司在約二年之間所展開的 CI 運動，大部份是公司內部檢討，也是以精神為中心的自我確認。將創立 30 週年視為第二次的創業期，而重新確認經營理念和目標，以發展成 21 世紀世界性企業為目標，因此全體員工需有新的團結和高昂的士氣。如此，以新生的 WACOAL 出發，全體員工帶著負責的使命感，而有積極性的自發行動，朝著統合性的服飾企業前進。

⑴以十年為一期的計劃和成為世界企業的 WACOAL

　　WACOAL 公司的 30 年歷史，可以說已經打穩了日本女性內衣的基礎，是極具意義的歷史。

　　昭和 21 年，隨著二次世界大戰結束，塚本自戰場返鄉後，即開始從事女性服裝用品生意，並於昭和 24 年 11 月 1 日創辦和江商事公司，日後發展為 WACOAL 公司。翌年，塚本董事長發表「十年為一期」總共五十年的事業經營計劃如下：

第一期(1950 年代)：開拓國內市場和打穩時代基礎。

第二期(1960 年代)：國內市場確立期。

第三期(1970 年代)：開拓海外市場和打穩時代基礎。

第四期(1980年代)：海外市場確立期。

第五期(1990年代)：預備期間。

按此計劃看來，到80年代時，WACOAL已飛躍為世界企業。施行 CI 運動被稱為公司內部的大革命，是大飛躍進步的準備工作之一。

(2)再次確認創業精神和相互信賴的經營理念

昭和24年，當初以10位員工創辦的公司，經過30年的努力而轉為大規模企業，如今員工已超過4400名。但是，有一半員工並未體驗到以前刻苦奮鬥的時期。這些新員工只見到此大規模企業，就產生有如乘坐一艘安全性很高的巨輪，意識中總存有「即使我不做也會有別人做」或「不必拼命工作也可以穩拿月薪」。這些員工不但沒有嘗過以往的辛苦，也不暸解董事長的創業精神，以及相互信賴的經營理念；換言之，只知道公司眼前的方針。這些結果都清楚顯示於全體員工的問卷調查結果(昭和53年2月施行)。

(3)成立 CI 事務局

營業企劃室以「公司內外應克服那些問題以使 WACOAL 發展為千億的大企業」為題而主辦檢討會，檢討項目有：

①最近公司內部缺少什麼？

②公司組織愈來愈大，可是員工的意志統一卻無法跟上，有些人似乎暈無目的地任意行動。

③解決上述問題所應修正的內容。

④重新檢討公司內部訊息傳達的情況。

從廣告戰略觀點而言，宣傳部很擔心以下的問題：

①是否會忘記 WACOAL 的形象戰略？

②似乎意見不甚統一。

③廣告的表現似乎缺乏反應經營理念和連貫性。

④放大眼光、確立廣告戰略。

這些都是依據公司內外的意識調查結果，而以問卷調查的形式將結果送至公司高級主管會議中檢討。因此，昭和 52 年 12 月，在「就長期視野的全體企業觀點上，必須產生以給公司員工及一般社會大眾正確瞭解為目的的企業活動和系統」的理由下，於董事室內成立 CI 事務局，以便推行 CI 運動。

⑷成立 CI 委員會和四個專門委員會

如今的課題是讓公司內外正確瞭解 WACOAL 的企業理念，使公司全體員工遵循某一理念，針對目標團結努力。變更公司方針、公司歌、公司標誌，是為了反應公司的改善而已，並非原本的目的。為以合乎 80 年代的 WACOAL 出現，CI 事務局遂開始行動。

由於個別會見高級主管，以對 WACOAL 的未來、訊息傳達方式、公司形象等交換意見，並且對全體員工進行意識問卷調查；因此從中發現許多問題。結果以塚本董事長為首的 CI 委員會因而成立，作為決議機構。董事長曾說：「重新確認 WACOAL 培養 30 年的力量，從組織、士氣、習性等各方面進行檢討，強化優點，徹除缺點。在往後 20 年間，一致團結努力，使本公司更發展為世界性的大公司。創立 30 週年之前，至本公司服務者均為基本員工。換言之，即本公的創立者。因此，依個人服務歲月的長短和年齡的大小，不應有意識或目標的不同。如此大家朝共同目標團結前進，這一段路程就是我們的 CI 運動。」之後，為達成此 CI 運動而以四個觀念為立足點，成立 4 個專門委員會。

在長期展望下，重新檢討互相信賴的公司及其它經營方針，再確認對於「何謂 WACOAL」的問題——企業理念再築構的計劃。

為提高企業的社會性，需整理公司內外訊息傳達的方法和整理情報路線——企業傳達系統(C.C.S)構築計劃。

依照新企業理念而創造 WACOAL 形象時所需的媒體和檢討設計開發——視覺識別系統(V.I.S)的開發計劃。

啟發公司內部幫助員工的行動，提高公司團結的氣氛——發揚人性道德和計劃促進公司內部的啟發工作(I.M.P)。

上述四項計劃，把握 WACOAL 現狀的評價和未來的展望，而各自開始活動，以便達成 WACOAL 的新生目標。

(5)全體員工的意見交流運動

訪問公司主管並對全體員工問卷調查的結果才知悉，員工相互意見交流的機會很少，因此將 4000 多名員工分為各階層的數個小組，以增加交談運動。

為形成適應 80 年代的 WACOAL 公司，他們談論的內容包括「希望的工作環境」、「如何使 WACOAL 更發展」、「如何培養更多人才」、「優秀的 WACOAL 氣質」、「女性員工的職責」、「從 WACOAL 的歷史學習優點」等問題。將談論結果概要的寫制報告書並貼於公佈欄上，使全體人員均能得知各小組的意見。除了一般的員工，甚至主管也另外成立「檢討 WACOAL 未來」的會議，時常討論 WACOAL 長期性的構想和理念。塚本董事長以其所著「我的經營理念——其源流的紀錄」和「WACOAL 基本精神」分送每位員工作為教科書，也作為高級主管中部長、課長們的談論基準。

透過全公司意見交流的機會，相互之間能更瞭解、更團結，如

此於實現 CI 運動時，意義更加深遠。

◎設計系統的開發

⑴為什麼廢止苜蓿(Clover)標誌

CI 運動主管意見交流中，終於決定將公司原有的苜蓿標誌廢除，另以新標誌取代。為何更換使用幾十年的標誌呢？昭和 28 年時，此公司名稱為和江商事公司，當時專門製造販賣女性內衣，並以苜蓿為商標。但是，隨著販賣網的擴大，終於得知名古屋的某廠商早已使用苜蓿商標，並擁有商標專利權。因此，WACOAL 公司不得不放棄原有的商標，以「和江」發音為基礎，設計出與日本發音相同的 WACOAL，亦即現今使用的商標名與公司名。舊標誌及商標上之所以有苜蓿圖案，是為了紀念創業時期的刻苦耐勞精神。WACOAL 以不單獨使用苜蓿圖案為條件，而使其獲得使用約 15 年的苜蓿圖案的商標權。

然而，WACOAL 為了飛馳於國際市場時，若只用苜蓿圖案，預測將會出現商標問題的麻煩，於是乾脆捨棄舊有標誌，另外開發國際市場上通用的標誌，並且具有完整獨特性。如此，做為 WACOAL 公司 CI 運動的一環，必須開發以新標誌為中心的設計系統和革新計劃。

⑵重新檢討設計要素

昭和 39 年(1964 年)，為體認設計原則，對當時 WACOAL 使用公司名、標誌、字體或標準色彩等進行討論，設定展開設計時的基本計劃。後來由於公司急速成長，產品種類愈來愈多，加以事業多角化，對於表現關係企業及應用品牌等方面，逐漸產生不一致的看

法和意識不清，實有重新檢討前提要件的必要。VIS 委員會也已提出計劃案，將標誌與字體等再一次視為整合性部份，只對表現不一致部份，從整體上整理：因此，對於此問題必須進行討論。

(3)**設計前的概念**

昭和 54 年 6 月(1979 年)底開始新標誌開發作業。由訪問主管、問卷調查、其他各種企業形象調查結果，一般顧客(15～45 歲女性)眼中 WACOAL 數百件設計中，經過討論，最後選出新企業標誌。由許多關係企業和部門所構成的 WACOAL 集團，明示各企業於形象中的位置。各部份有其正當的表現機能，才能配合新象徵。新標誌和標準字體即成為 WACOAL 集團的面貌，無論在企業設施、事務用品、商品、廣告、購買環境等訊息傳達媒體上，展開總合性 VI 系統，更需要發揮其個性。

(4)**重新檢討品牌展開的現狀**

據說，在日本一般生活的環境之中，品牌數量已超過 60 萬。由於市場需要，各公司均發展多樣化的商品。此公司也是以開發商品的觀點著手，在機能、用途、規格、顏色、感覺傾向等方面多樣化。另一方面，從實態調查而言，WACOAL 的品牌形象和權威性相當高。但是，商品個別的品牌或副品牌、名稱方面，其知名度與一般顧客的認知程度仍偏低。顧客與廠商連續的接觸點是在品牌或名稱，必須使顧客易記憶、瞭解，以產生對購買慾有所幫助的機能，因此，公司方面認為應該站在一般消費的立場，檢討品牌的整合性。不僅是簡單的廢除其中一部份名稱以整理商品，更須觀察市場未來的動向，準確的發展商品以為營業戰略。為此，營業企劃室中設置了品牌委員會，對未來的品牌戰略進行檢討、審議，並負責管理營

運。

⑸設計革新與導入 VIS

昭和 54 年 6 月底(1979 年)終於決定企業標誌、標準字體、標準色等 VI 系統基礎部份的設計要素。與公司名有關的公司標準媒體革新工作仍在進行中,但必須及時趕上 11 月 1 日公司創立紀念日當天使用。關於導入新標誌標準字體方面,為避免市場上新舊品牌的混亂,考慮媒體的週期,只好安排約一年的並存期間;換言之,即為逐漸革新。甚至乾脆廢止某些媒體舊的部份而予以更新,同時注意是否會成為總合性 VI 系統中的一環而發揮機能,對每一範圍的此種內容進行檢討,才會有正確的戰略姿態。又依照再確認概念以確立 VI 系統,也是很重要的,是未來必須注意的問題。隨著新企業標誌和標準字體的公佈,公司榮獲廣告或廣告塔方面的廣告獎,這是令人高興的消息。

心得欄 _

_ _

_ _

_ _

_ _

案例五：創新視覺形象的星電器 CIS

星電器公司為何要導入 CI 計劃呢？其動機單純明快：

①企業標誌於紀念創業 30 週年時修正，是該公司高級主管的意思。

②原有的企業標誌，幾乎與某家電廠商類似。

③視覺性要素大部份仍維持創業時期狀態，毫無現代感和國際性電子企業形象的表現。

換言之，該公司的 CI 計劃，完全是為了改善視覺要素和確立設計系統。與其說是 CI 計劃，莫如稱為視覺統一性計劃。（結果從作為 CE 計劃中的 CI 計劃著手）

⑴顧問公司的選擇

在這種前提之下，首先選擇顧問公司。結果發現，此類公司繁多，一下就找出 18 家。由於未曾實行過 CI、VI 計劃，無法確定採用那一家顧問公司，只好以其過去的實績為標準，結果選出東京市 2 家，大阪市 1 家。之後訪問實行 CI 計劃的幾家企業公司負責人，探聽對這二家顧問公司的評價，又拜訪此三家顧問公司的負責人，最後決定選擇傑克森‧三木顧問公司。

選擇顧問公司的條件有以下三項：

①必須有科學基礎和創造力。

②能與公司密切合作的態勢和員工。

③具有國際性眼光和實例。

公司又考慮簡單的 VI 計劃，並贊成 JaM 理論，結果決定導入 CE 計劃中的 CI 計劃(CI/CE)。所謂 JaM 理論是利用 CE 計劃以求公司統一的理論之一。為什麼會有這種結論呢？理由如下：

①該公司主管創業於美國，並從事過開發 CI 系統，早就瞭解其優點、缺點和理論，而開發獨自的 CE 系統。

②CI/CE 的開發經費，能在適當時間內依特殊技術，有把握於短期內回收。

③CI/CE 能期待真正的公司統一性。

⑵以八人計劃小組進行

該公司計劃小組由負責技術的常務董事領導，以擔任廣告宣傳的業務企劃課為中心，加上總務課、技術課，共 3 個單位、8 位主要人員參加。CI/CE 計劃的順序可分以下 6 階段：

第 1 階段：重點。

第 2 階段：程序規劃。

第 3 階段：理性。

第 4 階段：方針。

第 5 階段：開發。

第 6 階段：日常化。

1. 探索形象的隔閡

⑴消費者沒有瞭解意象

該公司產品有電視機、收音機、答錄機、立體音響、VTR 等零件，以及微音器、耳機的音響零件，彩色液晶表示素子、自動控制裝置等。不但製造，同時也販賣。但是，以電子零件的性質而言，在星電器製造公司名義下直接售予消費者的比率很低，大部份是透

過經銷商，或組合於電視機、音響設備成品之中。由此可見，星電器製造公司的顧客是批發商或電器用品裝配廠，故以消費者為中心，對各地區居民、公司員工等進行調查。其他外觀要素，尤其是企業名、企業用標誌等，不但在日本，甚至美國、西德、新加坡、香港等地，都進行調查。

結果各地對星電器公司的認知度比想像中更高。關於形象方面，同業界或有往來的批發商都評論其為「高技術能力、值得信賴的企業」。可是一般消費者就評其為「有如專制馬達的電器產品公司」，或「是一家承包大家電公司的零件廠商」，可見消費者對這家公司的形象有相當大的隔閡。

(2)企業實態並未得到正確的評價

就整體而言，企業實態沒有得到正確評價的一個問題是「企業規模」。該公司在美國、新加坡、香港等地均有法人組織、工廠，並對世界各國輸出產品，可是，受調查者只做「中小企業」的評價而已。

依照 JaM 理論分析現狀，將該公司的形象項目、系統，依照外表要素、人的要素(人和製品)、系統要素(該公司所有項目中與形象形成有關連的部份)而分析。從一連串分析結果發現，系統要素所得的形象評價很接近該公司的實態，可定外表要素則評價為此企業實態低的形象。同時也得知，他們期望充實人的要素和系統要素，遠超過外表要素。簡而言之，消費者認為外表要素比企業實態的水準更低，由於這種外表要素，才會形成與實業實態不同的形象。

2.形象形成的目標

(1)國際性電子企業

該公司所期待的形象為何？從 CI 觀點而設定如下：星電器製造股份有限公司具有尖端電子技術和開發能力。其高精密度產品「星電標誌」，在世界各角落均得到信賴而被採用。在代表日本的電子企業中，這是國際性、而且對社會貢獻很大的企業。

⑵基本計劃

在主要階段上，已清楚的總評價，擬定 CI/CE 評價的基本計劃。主要內容為如下五計劃案：

①充實從外表要素、人的要素到系統要素的長期計劃。

②對公司內外有關方面的教育、啟蒙計劃。

③正式發表前的活性化計劃。

④有關適用方面的計劃。

⑤為確立控制系統和地區所需的計劃。

⑶適用從 1981 年起為期二年

導入此計劃之前，於 1980 年 10 月 1 日公司創辦 30 週年紀念日，發表完成的消息，同時預定適用的主要項目。由於計劃本身遲緩，基本上決定在 30 週年紀念日只發表企業標誌、標準字體和標準色，同時這些企業標誌只適用公司旗制、胸章、名片而已。其他戰略（效果）適用方面，則於 10 月 14 日在晴海所舉辦的電子產品展覽會上，根據新系統的各項產品陳列展示。預定適用於 1981 年和 1982 年二年間施行。

3.商標的開發

⑴整理或廢除舊商標

在此簡介品牌標誌開發前的基本要素。其中標誌類 5 種、標準字 2 種，共 7 種，企業標誌也被視為品牌標誌使用，可以說有關使

用的目的和範圍等毫無規則，處於一片混亂的狀態。因此，首先進行整理舊標誌的工作。例如：那一種標誌是為什麼目的而又由誰開發呢？這些歷史部份也須進行調查。最後，將一切舊標誌廢除而不再使用，並另開發英文標準字體「HOSIDEN」，作為唯一代表品牌的標誌，即決定不再開發標誌。但是，開發標誌後，反補充二種象徵性標誌。其中一種是刻印用，以便在產品上蓋章，這是由於該公司大部份生產 2〜5cm 的小型零件，而標準的商標，無論是技術或經費上都無法刻出，另一種是日文的象徵性標誌。

(2)**開發企業標誌的概念**

此階段決定改良現有的企業標誌。其標誌採用公司創業者、現任董事長古橋家的家徽，而且由於家徽的特徵，才命名為「星電器製造公司」。考慮歷史來源和透過很多員工調查的結果，大致上都認為這是富有歷史意義的企業標誌，縱使有些不合乎時代潮流，但是從傳統性和創業以來的光榮歷史而言，仍是要維持這種企業標誌。因此在開發企業標誌的概念上，設定如下的條件：以舊標誌「六角星和竹籃孔樣花紋」為主要對象，而且必須合乎國際性造型。

(3)**開發的概念商標**

設定開發商標的條件為「強力表達技術能力高超的電子產品」、「能得到國際性承認的崇高形象」、「富有國際性企業的格調」等。之後又增加以下 2 項目標：

①日本人一見即能想起漢字、片假名的公司名。（從調查結果而言，日本人看到 HOSIDEN，總是想起「星電」或「ホシデ」而容易產生電力公司、電機公司或電車公司的錯誤印象）。

②以視覺緩和歐美人在聽覺方面的強烈印象。（根據調查，歐美

人聽到 HOSIDEN 時，總是會有重工業的印象)。

⑷**對產品適用者形象調查結果而定案**

將在這種概念和條件下所開發的企業標誌、商標、企業標準色、企業標準字，送給國內外一般使用者及專家試用，形象調查結果有很好的評價。因此正式決定以深藍色為企業標準色，而以深藍和淺藍二色為商標使用色。

在此所強調的是CI/CE計劃的特徵，即理性的實現化和徹底的效率化，而後者的效率化值得說明。假設該公司為開發此體制而花費數千萬元，則這些開發費用可以在1~3次的適用計劃中吸收。

換言之，CI/CE 計劃不但須充實外表要素和確立設計系統，同時要進行科學性形象項目的合理化、效率化。依此，四次以後的適用計劃，經費一旦低於系統開發前即可實施，這是優點，也是採用 JaM 理論的原因之一。

4. 使用者的良好反應/使公司氣氛活潑

關於 CI/CE 計劃的反應方面，由於公開發表基本要素和實施其中的一部份，一般消費者的反應尚未傳回，可是公司內部與有交易的使用者已有反應結果，而且是令人興奮的良好反應，因此，公司內部氣氛活潑，幾乎產生要實現 CI 的希望。為應付來訪的各顧客，將本公司辦公室的佈置改為更有機能性、更易瞭解，因此，公司並非只在外表上設計表現，為確立公司本質的統一性，以後仍將繼續前進。

案例六：以商標滲透國外市場的共立公司 CIS

1. 商標三十年

⑴輸出比率佔 63%

共立公司專門生產「室外用動力輕型作業機」，年銷貨額達 235 億日幣，輸出比率佔營業額 63%(昭和 55 年(1980 年)發表的數字)，該公司於東京股票市場上市股票。共立公司創辦於昭和 22 年(1947 年)，當時名為「共立農機公司」。此後不但在農機方面，同時也在其他機械方面發展，在工業先進的歐美市場，開發了具有強勁競爭力的品牌商品，發展迅速。根據昭和 55 年 5 月(1980 年)統計結果，產品銷售比率如下：農業用管理機械 21%，林業機械 63%，引擎 5%，其他 11%。

昭和 46 年(1971 年)公告改名「共立」(英文名 KIORITZ CORPORATION)。昭和 47 年(1972 年)至美國設廠，位於芝加哥近郊「現地法人美國共立公司」(KIORITZ CORPORATION OF AMERICA)，將公司產品(品牌名 ECHO)銷往世界各地市場，強化推銷體制，昭和 53 年(1978 年)改稱「ECHO INC.」，其理由如下：

①以品牌名 ECHO 直接作為公司名，可提高 ECHO 的知名度。

②消除為日本分公司的色彩，使當地美國員工願為穩定美國市場的基礎而努力，並增加當地人產生認同與親切感(企業當地化)。

由此可見，共立公司具有遠大的眼光和活躍於世界市場的企業姿態。在這段期間，由於美國和世界各地市場的情勢，使共立公司

深覺必須即刻開發 CI 計劃。為了推銷產品,於形象戰略長作品牌統一系統。

⑵海外已有 15000 家代理商

共立公司海外市場所推銷的產品,都屬於自己分公司的產品。其項目有二行程引擎為原動力的機械類、除草機、割草機、室外清掃管理作業機等:而購買階層則包括農民、林業者、設施管理業者、一般家庭等。一般家庭的需要量,近年逐有增加,尤其是美國市場的前途更被看好。目前,電鋸、割草機的年銷售量各為 300 萬台及 800 萬台。

共立公司對歐洲、中南美洲、北美洲、東南亞、非洲、中東等地,都進行推銷戰,因為在這些地方有約 15000 家的代理商,形成強力的推銷網。依照地域分別設立分支機構,在分支機構指揮下,產生多家代理商的組織。美國則因地廣人網,目前約有 10000 家代理商,專事推銷 ECHO 品牌的產品。對此廣大市場的銷售,必須有建全的代理商組織為根本,共立公司曾與三井產物合作,對當地市場瞭解甚深,又經過多年市場經營的努力,才有今日的良好成果。

⑶以徹底統一政策為課題

散佈於世界各地的代理商年有增加,因而問題也日益產生,基本性的問題有「明確銷售政策」和「徹底實行各地區販賣組織的統一政策」。

昭和 47 年(1972 年),共立公司於美國設立分公司,其後逐漸加強美國各地的代理商及銷售網,使生產與銷售互相配合,並於統一形象下,進行推銷活動,此時,計劃導入 CI 系統。但是,將散落世界各地的多數代理商,動用於統一戰略及形象的技術,尚未成熟,

可說仍處於儲藏的階段，不過後來仍決定推行 CI 導入計劃。

(4)世界通行的品牌 ECHO

共立公司非常重視推銷世界各地的產品開發工作，而且只推銷自己的產品。首先使用 ECHO 品牌的是電鋸，其後有割草機、室外清掃管理作業機、以及防除機，開始統合品牌形象。

汽車、家電用品、照相機、鐘錶等，是一般消費者容易認識的品牌，可是共立公司於產品性質及世界銷售的關係，首先以分支機構和代理商為中心，努力提高品牌的知名度。透過代理商將產品售予農林業者和設施管理者，當時有許多先進國家的品牌也在競爭之列；後起之秀 ECHO 若想要在競爭激烈的歐美市場中出人頭地，的確要有更多的毅力與行動。

幸好，ECHO 容易發音，感覺悅耳，再配合產品的優越性能，於共立公司一貫採用推銷品牌的姿態下，從旁細心輔導代理商，才有今日的開花結果。如今，ECHO 已成為家喻戶曉的名稱。

(5)昭和 53 年(1978 年)決定標誌

以分支機構和代理商推銷產品，他們不但使消費者不虞匱乏，同時推銷者也會成為他們帶來利益者的代理商或銷售店。憑藉品牌即能得到品質可靠的產品和服務，而品牌也成為廠商與銷售組織之間互相信賴的標誌，因此，商標視覺化即是廠商與推銷組織的共同目的，雙方共存共榮，於統一政策的旗幟下求發展。

昭和 53 年(1978 年)將設於美國的共立公司改稱 ECHO，利用此次機會將「ECHO」文字橫向包圍成橢圓型，作為商標並公開發表，採用與產品相同的鮮橙色(命名為白英色 bittersweet)。同年五月舉行第五屆全美代理商會議，總公司代表公佈變更公司名稱及標

誌，在場人員熱烈的掌聲令人感動。

2.全力推行形象戰略

　　共立公司於外國市場施行形象戰略，擁有新標誌後，更加有系統地於各方面展開，而當時 ECHO 產品正開始陳列於美國的一般店面、百貨公司、超級市場。一般家庭消費者為了砍暖爐用的柴木、修剪庭院樹枝，必須購買電鋸，整理草坪必須購買割草機，處理落葉則需清掃作業機，凡此情況，消費者必會在購買時選擇品牌。

　　在這一段期間內已透過代理商而得知 ECHO 廣泛受到信賴，於是開始施展對消費群的滲透。共立公司原本即有基本性廣告活動，另有分支機構配合當地市場實際狀況所發動的地方性廣告，也有為了維持統一政策，不斷施行管理和援助。因此，以新標誌為中心而展開的形象戰略很多，在此介紹若干例子。

①庫新包裝設計

　　陳列於店面的商品包裝。本身即是一種陳列品。尤其擁有多樣商品陳列的大銷售崗，與專賣 ECHO 的代理店的店面全然不同，在眾多產品中，以簡潔而又能將包裝內容告訴消費者的包裝最佳。物品從廠商移至代理商之間的作業上，原本就重視久耐搬運的包裝箱，但是現代包裝有很大的轉變，完全以消費者為主的包裝設計，以改為能明顯表示標誌的位置。針對專用戶的數類產品，經由代理商發貨，其所要求的內容雖然稍微不同，但公司方面為了統一基本形象，於是革新原有的設計。

②統一代理店、銷售店的招牌

　　推銷以引擎為動力的機械類方面，當然會配合機械檢查、調整、修理等售後服務工作。一般而言，商品銷售與售後服務多由一店兼

辦，其招牌也應清楚表示修理何種品牌的商品，能簡單表達統一形象即可。

共立公司供應兩種招牌給代理店和銷售店，並可使用於世界各地。一種是提供給電鋸販賣店，一種則供應室外用動力輕作業機銷售店。基本設計中即有英文標準字體，不使用英文字體的地區則由當地分支機構依照 CI 手冊的規定，以維護統一形象為製作招牌的準則。

③ 各地區的廣告也遵守統一形象

使用外國媒體的各地區廣告，由當地廣告代理商負責制作。制定 ECHO 商標以前，雖然大家都使用相同的 ECHO 標誌，但字體並未統一，這對統一視覺形象而言，是一項缺失。因此共立公司制定商標之後，立刻分送英文標準字體和標誌到各地分支機構，並希望遵守手冊規定，防止混亂視覺表現。

④ 重視印刷品

促銷海報、說明書、技術手冊等，共立公司以供應廠商的立場，製作分送於各地販賣組織，這是統一視覺形象最有效的一種方法，也是合乎於新時代標誌組織性宣傳活動的有利工具。因此，製作地方性廣告時，必須表示廠商的姿勢，如此才能充分發揮形象統一的機能。

⑤ 昭和 55 年(1977 年)完成手冊

由於共立總公司與販賣組織間的密切合作，以標誌為中心的形象戰略逐漸成功，但是部份地區的廣告活動卻發生視覺表現的混亂。共立公司注意到這種情況，快速收集市場情報、修整錯誤，而後著手於制定手冊。準備與製作期間約有一年六個月，昭和 55 年

10 月(1980 年)完成以國外銷售公司和分支機構為對象的英文手冊。該手冊記述國外活動應注意事項,理由是怕發生如上述的混亂,因此寧可稱為標誌統一手冊或國外市場手冊,或許較為恰當。

昭和 56 年元月,舉行全美代理商會議,由共立公司董事長發表制定手冊的意義,並頒發標誌旗幟、胸章和手冊。每年於美國舉辦二次全美代理商會議,而以過年所舉行的會議為主。

其後會議的內容大致如下。成員有共立公司數字代表、美國ECHO 公司及全美 ECHO 代理商,討論未來一年增加銷售額的方法、銷售政策與廣告計劃的基本方針、介紹公司新產品,因此是很重要的會議。日本製造原廠與美國銷售員工代表之間,超種族隔閡,為共同目標而開誠佈公的討論。二年前所開發帶有 ECHO 標誌的產品,經過大家積極推銷,展開形象統一戰略,而得自董事長頒發的手冊及 ECHO 胸章,使全體工作人員更加團結合作。

⑥ 確定國內企業形象

共立公司受到 CI 先進國——美國的熏習而實施 CI 系統計劃,老實說,要應付企業內各部門而國內市場的關係上,目前仍處導入階段。導入 CI 系統的意義,必須獲得全體員工認知,才能發揮其機能,因此,將導入 CI 系統的用意立於提高員工意識及活化企業,才能得到高效果,這種例子也不少見。

共立公司利用美國市場所得情報而導入 CI 系統,結果使 ECHO 商標成為國際高知名度的品牌。

臺灣的核心競爭力，就在這裏！

圖 書 出 版 目 錄

　　下列圖書是由憲業企管顧問（集團）公司所出版，以專業立場，為企業界提供最專業的各種經營管理類圖書。

1. 傳播書香社會，凡向本出版社購買（或郵局劃撥購買），一律 9 折優惠。
   服務電話(02) 27622241　(03) 9310960　　傳真(02) 27620377
2. 請將書款用 ATM 自動扣款轉帳到我公司下列的銀行帳戶。
   銀行名稱：合作金庫銀行　　帳號：5034-717-347447
   公司名稱：憲業企管顧問有限公司
3. 郵局劃撥號碼：18410591　　郵局劃撥戶名：憲業企管顧問公司

4. 圖書出版資料隨時更新，請見網站　www.bookstore99.com

　　------ 經營顧問叢書 ------

13	營業管理高手（上）	一套		52	堅持一定成功	360 元
14	營業管理高手（下）	500 元		56	對準目標	360 元
16	中國企業大勝敗	360 元		58	大客戶行銷戰略	360 元
18	聯想電腦風雲錄	360 元		60	寶潔品牌操作手冊	360 元
19	中國企業大競爭	360 元		72	傳銷致富	360 元
21	搶灘中國	360 元		73	領導人才培訓遊戲	360 元
25	王永慶的經營管理	360 元		76	如何打造企業贏利模式	360 元
26	松下幸之助經營技巧	360 元		77	財務查帳技巧	360 元
32	企業併購技巧	360 元		78	財務經理手冊	360 元
33	新產品上市行銷案例	360 元		79	財務診斷技巧	360 元
46	營業部門管理手冊	360 元		80	內部控制實務	360 元
47	營業部門推銷技巧	390 元		81	行銷管理制度化	360 元

82	財務管理制度化	360元	149	展覽會行銷技巧	360元
83	人事管理制度化	360元	150	企業流程管理技巧	360元
84	總務管理制度化	360元	152	向西點軍校學管理	360元
85	生產管理制度化	360元	154	領導你的成功團隊	360元
86	企劃管理制度化	360元	155	頂尖傳銷術	360元
91	汽車販賣技巧大公開	360元	156	傳銷話術的奧妙	360元
97	企業收款管理	360元	160	各部門編制預算工作	360元
100	幹部決定執行力	360元	163	只為成功找方法，不為失敗找藉口	360元
106	提升領導力培訓遊戲	360元	167	網路商店管理手冊	360元
112	員工招聘技巧	360元	168	生氣不如爭氣	360元
113	員工績效考核技巧	360元	170	模仿就能成功	350元
114	職位分析與工作設計	360元	171	行銷部流程規範化管理	360元
116	新產品開發與銷售	400元	172	生產部流程規範化管理	360元
122	熱愛工作	360元	174	行政部流程規範化管理	360元
124	客戶無法拒絕的成交技巧	360元	176	每天進步一點點	350元
125	部門經營計劃工作	360元	180	業務員疑難雜症與對策	360元
129	邁克爾・波特的戰略智慧	360元	181	速度是贏利關鍵	360元
130	如何制定企業經營戰略	360元	183	如何識別人才	360元
132	有效解決問題的溝通技巧	360元	184	找方法解決問題	360元
135	成敗關鍵的談判技巧	360元	185	不景氣時期，如何降低成本	360元
137	生產部門、行銷部門績效考核手冊	360元	186	營業管理疑難雜症與對策	360元
138	管理部門績效考核手冊	360元	187	廠商掌握零售賣場的竅門	360元
139	行銷機能診斷	360元	188	推銷之神傳世技巧	360元
140	企業如何節流	360元	189	企業經營案例解析	360元
141	責任	360元	191	豐田汽車管理模式	360元
142	企業接棒人	360元	192	企業執行力（技巧篇）	360元
144	企業的外包操作管理	360元	193	領導魅力	360元
146	主管階層績效考核手冊	360元	198	銷售說服技巧	360元
147	六步打造績效考核體系	360元	199	促銷工具疑難雜症與對策	360元
148	六步打造培訓體系	360元	200	如何推動目標管理（第三版）	390元

201	網路行銷技巧	360 元
202	企業併購案例精華	360 元
204	客戶服務部工作流程	360 元
206	如何鞏固客戶（增訂二版）	360 元
208	經濟大崩潰	360 元
209	鋪貨管理技巧	360 元
210	商業計劃書撰寫實務	360 元
212	客戶抱怨處理手冊(增訂二版)	360 元
214	售後服務處理手冊(增訂三版)	360 元
215	行銷計劃書的撰寫與執行	360 元
216	內部控制實務與案例	360 元
217	透視財務分析內幕	360 元
219	總經理如何管理公司	360 元
222	確保新產品銷售成功	360 元
223	品牌成功關鍵步驟	360 元
224	客戶服務部門績效量化指標	360 元
226	商業網站成功密碼	360 元
228	經營分析	360 元
229	產品經理手冊	360 元
230	診斷改善你的企業	360 元
231	經銷商管理手冊（增訂三版）	360 元
232	電子郵件成功技巧	360 元
233	喬·吉拉德銷售成功術	360 元
234	銷售通路管理實務〈增訂二版〉	360 元
235	求職面試一定成功	360 元
236	客戶管理操作實務〈增訂二版〉	360 元
237	總經理如何領導成功團隊	360 元
238	總經理如何熟悉財務控制	360 元
239	總經理如何靈活調動資金	360 元

240	有趣的生活經濟學	360 元
241	業務員經營轄區市場（增訂二版）	360 元
242	搜索引擎行銷	360 元
243	如何推動利潤中心制度（增訂二版）	360 元
244	經營智慧	360 元
245	企業危機應對實戰技巧	360 元
246	行銷總監工作指引	360 元
247	行銷總監實戰案例	360 元
248	企業戰略執行手冊	360 元
249	大客戶搖錢樹	360 元
250	企業經營計劃〈增訂二版〉	360 元
251	績效考核手冊	360 元
252	營業管理實務〈增訂二版〉	360 元
253	銷售部門績效考核量化指標	360 元
254	員工招聘操作手冊	360 元
255	總務部門重點工作（增訂二版）	360 元
256	有效溝通技巧	360 元
257	會議手冊	360 元
258	如何處理員工離職問題	360 元
259	提高工作效率	360 元
261	員工招聘性向測試方法	360 元
262	解決問題	360 元
263	微利時代制勝法寶	360 元
264	如何拿到 VC（風險投資）的錢	360 元
265	如何撰寫職位說明書	360 元
267	促銷管理實務〈增訂五版〉	360 元
268	顧客情報管理技巧	360 元

269	如何改善企業組織績效〈增訂二版〉	360元		12	餐飲業標準化手冊	360元
270	低調才是大智慧	360元		13	服飾店經營技巧	360元
272	主管必備的授權技巧	360元		18	店員推銷技巧	360元
274	人力資源部流程規範化管理（增訂三版）	360元		19	小本開店術	360元
275	主管如何激勵部屬	360元		20	365天賣場節慶促銷	360元
276	輕鬆擁有幽默口才	360元		29	店員工作規範	360元
277	各部門年度計劃工作（增訂二版）	360元		30	特許連鎖業經營技巧	360元
278	面試主考官工作實務	360元		32	連鎖店操作手冊（增訂三版）	360元
279	總經理重點工作（增訂二版）	360元		33	開店創業手冊〈增訂二版〉	360元
282	如何提高市場佔有率（增訂二版）	360元		34	如何開創連鎖體系〈增訂二版〉	360元
283	財務部流程規範化管理（增訂二版）	360元		35	商店標準操作流程	360元
284	時間管理手冊	360元		36	商店導購口才專業培訓	360元
285	人事經理操作手冊（增訂二版）	360元		37	速食店操作手冊〈增訂二版〉	360元
286	贏得競爭優勢的模仿戰略	360元		38	網路商店創業手冊〈增訂二版〉	360元
287	電話推銷培訓教材（增訂三版）	360元		39	店長操作手冊（增訂四版）	360元
288	贏在細節管理（增訂二版）	360元		40	商店診斷實務	360元
289	企業識別系統CIS（增訂二版）	360元		41	店鋪商品管理手冊	360元
290	部門主管手冊（增訂五版）	360元		42	店員操作手冊（增訂三版）	360元
				43	如何撰寫連鎖業營運手冊〈增訂二版〉	360元
	《商店叢書》			44	店長如何提升業績〈增訂二版〉	360元
4	餐飲業操作手冊	390元		45	向肯德基學習連鎖經營〈增訂二版〉	360元
5	店員販賣技巧	360元		46	連鎖店督導師手冊	360元
10	賣場管理	360元		47	賣場如何經營會員制俱樂部	360元
				48	賣場銷量神奇交叉分析	360元

《工廠叢書》

5	品質管理標準流程	380 元
9	ISO 9000 管理實戰案例	380 元
10	生產管理制度化	360 元
11	ISO 認證必備手冊	380 元
12	生產設備管理	380 元
13	品管員操作手冊	380 元
15	工廠設備維護手冊	380 元
16	品管圈活動指南	380 元
17	品管圈推動實務	380 元
20	如何推動提案制度	380 元
24	六西格瑪管理手冊	380 元
30	生產績效診斷與評估	380 元
32	如何藉助 IE 提升業績	380 元
35	目視管理案例大全	380 元
38	目視管理操作技巧(增訂二版)	380 元
40	商品管理流程控制(增訂二版)	380 元
42	物料管理控制實務	380 元
46	降低生產成本	380 元
47	物流配送績效管理	380 元
49	6S 管理必備手冊	380 元
50	品管部經理操作規範	380 元
51	透視流程改善技巧	380 元
55	企業標準化的創建與推動	380 元
56	精細化生產管理	380 元
57	品質管制手法〈增訂二版〉	380 元
58	如何改善生產績效〈增訂二版〉	380 元
60	工廠管理標準作業流程	380 元

62	採購管理工作細則	380 元
63	生產主管操作手冊(增訂四版)	380 元
64	生產現場管理實戰案例〈增訂二版〉	380 元
65	如何推動 5S 管理（增訂四版）	380 元
67	生產訂單管理步驟〈增訂二版〉	380 元
68	打造一流的生產作業廠區	380 元
70	如何控制不良品〈增訂二版〉	380 元
71	全面消除生產浪費	380 元
72	現場工程改善應用手冊	380 元
73	部門績效考核的量化管理（增訂四版）	380 元
74	採購管理實務〈增訂四版〉	380 元
75	生產計劃的規劃與執行	380 元
76	如何管理倉庫（增訂六版）	380 元
77	確保新產品開發成功（增訂四版）	380 元

《醫學保健叢書》

1	9 週加強免疫能力	320 元
3	如何克服失眠	320 元
4	美麗肌膚有妙方	320 元
5	減肥瘦身一定成功	360 元
6	輕鬆懷孕手冊	360 元
7	育兒保健手冊	360 元
8	輕鬆坐月子	360 元
11	排毒養生方法	360 元
12	淨化血液　強化血管	360 元
13	排除體內毒素	360 元
14	排除便秘困擾	360 元

15	維生素保健全書	360 元
16	腎臟病患者的治療與保健	360 元
17	肝病患者的治療與保健	360 元
18	糖尿病患者的治療與保健	360 元
19	高血壓患者的治療與保健	360 元
22	給老爸老媽的保健全書	360 元
23	如何降低高血壓	360 元
24	如何治療糖尿病	360 元
25	如何降低膽固醇	360 元
26	人體器官使用說明書	360 元
27	這樣喝水最健康	360 元
28	輕鬆排毒方法	360 元
29	中醫養生手冊	360 元
30	孕婦手冊	360 元
31	育兒手冊	360 元
32	幾千年的中醫養生方法	360 元
33	免疫力提升全書	360 元
34	糖尿病治療全書	360 元
35	活到 120 歲的飲食方法	360 元
36	7 天克服便秘	360 元
37	為長壽做準備	360 元
38	生男生女有技巧〈增訂二版〉	360 元
39	拒絕三高有方法	360 元
40	一定要懷孕	360 元

《培訓叢書》

4	領導人才培訓遊戲	360 元
8	提升領導力培訓遊戲	360 元
11	培訓師的現場培訓技巧	360 元

12	培訓師的演講技巧	360 元
14	解決問題能力的培訓技巧	360 元
15	戶外培訓活動實施技巧	360 元
16	提升團隊精神的培訓遊戲	360 元
17	針對部門主管的培訓遊戲	360 元
18	培訓師手冊	360 元
19	企業培訓遊戲大全(增訂二版)	360 元
20	銷售部門培訓遊戲	360 元
21	培訓部門經理操作手冊（增訂三版）	360 元
22	企業培訓活動的破冰遊戲	360 元
23	培訓部門流程規範化管理	360 元

《傳銷叢書》

4	傳銷致富	360 元
5	傳銷培訓課程	360 元
7	快速建立傳銷團隊	360 元
10	頂尖傳銷術	360 元
11	傳銷話術的奧妙	360 元
12	現在輪到你成功	350 元
13	鑽石傳銷商培訓手冊	350 元
14	傳銷皇帝的激勵技巧	360 元
15	傳銷皇帝的溝通技巧	360 元
17	傳銷領袖	360 元
18	傳銷成功技巧 （增訂四版）	360 元
19	傳銷分享會運作範例	360 元

《幼兒培育叢書》

1	如何培育傑出子女	360 元
2	培育財富子女	360 元
3	如何激發孩子的學習潛能	360 元
4	鼓勵孩子	360 元

5	別溺愛孩子	360 元
6	孩子考第一名	360 元
7	父母要如何與孩子溝通	360 元
8	父母要如何培養孩子的好習慣	360 元
9	父母要如何激發孩子學習潛能	360 元
10	如何讓孩子變得堅強自信	360 元

《成功叢書》

1	猶太富翁經商智慧	360 元
2	致富鑽石法則	360 元
3	發現財富密碼	360 元

《企業傳記叢書》

1	零售巨人沃爾瑪	360 元
2	大型企業失敗啟示錄	360 元
3	企業併購始祖洛克菲勒	360 元
4	透視戴爾經營技巧	360 元
5	亞馬遜網路書店傳奇	360 元
6	動物智慧的企業競爭啟示	320 元
7	CEO 拯救企業	360 元
8	世界首富　宜家王國	360 元
9	航空巨人波音傳奇	360 元
10	傳媒併購大亨	360 元

《智慧叢書》

1	禪的智慧	360 元
2	生活禪	360 元
3	易經的智慧	360 元
4	禪的管理大智慧	360 元
5	改變命運的人生智慧	360 元
6	如何吸取中庸智慧	360 元
7	如何吸取老子智慧	360 元

8	如何吸取易經智慧	360 元
9	經濟大崩潰	360 元
10	有趣的生活經濟學	360 元
11	低調才是大智慧	360 元

《DIY 叢書》

1	居家節約竅門 DIY	360 元
2	愛護汽車 DIY	360 元
3	現代居家風水 DIY	360 元
4	居家收納整理 DIY	360 元
5	廚房竅門 DIY	360 元
6	家庭裝修 DIY	360 元
7	省油大作戰	360 元

《財務管理叢書》

1	如何編制部門年度預算	360 元
2	財務查帳技巧	360 元
3	財務經理手冊	360 元
4	財務診斷技巧	360 元
5	內部控制實務	360 元
6	財務管理制度化	360 元
8	財務部流程規範化管理	360 元
9	如何推動利潤中心制度	360 元

 為方便讀者選購，本公司將一部分上述圖書又加以專門分類如下：

《企業制度叢書》

1	行銷管理制度化	360 元
2	財務管理制度化	360 元
3	人事管理制度化	360 元
4	總務管理制度化	360 元
5	生產管理制度化	360 元

6	企劃管理制度化	360 元

《主管叢書》

1	部門主管手冊	360 元
2	總經理行動手冊	360 元
4	生產主管操作手冊	380 元
5	店長操作手冊（增訂版）	360 元
6	財務經理手冊	360 元
7	人事經理操作手冊	360 元
8	行銷總監工作指引	360 元
9	行銷總監實戰案例	360 元

《總經理叢書》

1	總經理如何經營公司(增訂二版)	360 元
2	總經理如何管理公司	360 元
3	總經理如何領導成功團隊	360 元
4	總經理如何熟悉財務控制	360 元
5	總經理如何靈活調動資金	360 元

《人事管理叢書》

1	人事管理制度化	360 元
2	人事經理操作手冊	360 元
3	員工招聘技巧	360 元
4	員工績效考核技巧	360 元
5	職位分析與工作設計	360 元
7	總務部門重點工作	360 元
8	如何識別人才	360 元
9	人力資源部流程規範化管理（增訂三版）	360 元
10	員工招聘操作手冊	360 元
11	如何處理員工離職問題	360 元

《理財叢書》

1	巴菲特股票投資忠告	360 元
2	受益一生的投資理財	360 元
3	終身理財計劃	360 元
4	如何投資黃金	360 元
5	巴菲特投資必贏技巧	360 元
6	投資基金賺錢方法	360 元
7	索羅斯的基金投資必贏忠告	360 元
8	巴菲特為何投資比亞迪	360 元

《網路行銷叢書》

1	網路商店創業手冊〈增訂二版〉	360 元
2	網路商店管理手冊	360 元
3	網路行銷技巧	360 元
4	商業網站成功密碼	360 元
5	電子郵件成功技巧	360 元
6	搜索引擎行銷	360 元

《企業計劃叢書》

1	企業經營計劃〈增訂二版〉	360 元
2	各部門年度計劃工作	360 元
3	各部門編制預算工作	360 元
4	經營分析	360 元
5	企業戰略執行手冊	360 元

《經濟叢書》

1	經濟大崩潰	360 元
2	石油戰爭揭秘(即將出版)	

使用培訓、提升企業競爭力是萬無一失、事半功倍的方法。其效果更具有超大的「投資報酬力」！

好消息

最 暢 銷 的 商 店 叢 書

名稱	特價	名稱	特價
4 餐飲業操作手冊	390 元	35 商店標準操作流程	360 元
5 店員販賣技巧	360 元	36 商店導購口才專業培訓	360 元
10 賣場管理	360 元	37 速食店操作手冊〈增訂二版〉	360 元
12 餐飲業標準化手冊	360 元	38 網路商店創業手冊〈增訂二版〉	360 元
13 服飾店經營技巧	360 元	39 店長操作手冊（增訂四版）	360 元
18 店員推銷技巧	360 元	40 商店診斷實務	360 元
19 小本開店術	360 元	41 店鋪商品管理手冊	360 元
20 365 天賣場節慶促銷	360 元	42 店員操作手冊（增訂三版）	360 元
29 店員工作規範	360 元	43 如何撰寫連鎖業營運手冊〈增訂二版〉	360 元
30 特許連鎖業經營技巧	360 元	44 店長如何提升業績〈增訂二版〉	360 元
32 連鎖店操作手冊（增訂三版）	360 元	45 向肯德基學習連鎖經營〈增訂二版〉	360 元
33 開店創業手冊〈增訂二版〉	360 元	46 連鎖店督導師手冊	360 元
34 如何開創連鎖體系〈增訂二版〉	360 元	47 賣場如何經營會員制俱樂部	360 元

上述各書均有在書店陳列販賣，若書店賣完而來不及由庫存書補充上架，請讀者直接向店員詢問、購買，最快速、方便！**購買方法如下：**

銀行名稱：合作金庫銀行 敦南分行(代碼：006)

帳號：5034-717-347-447

公司名稱：憲業企管顧問有限公司

郵局劃撥帳號：18410591

使用培訓、提升企業競爭力是萬無一
失、事半功倍的方法。其效果更具有超大的
「投資報酬力」！

最 暢 銷 的 工 廠 叢 書

名稱	特價	名稱	特價
5 品質管理標準流程	380 元	50 品管部經理操作規範	380 元
9 ISO 9000 管理實戰案例	380 元	51 透視流程改善技巧	380 元
10 生產管理制度化	360 元	55 企業標準化的創建與推動	380 元
11 ISO 認證必備手冊	380 元	56 精細化生產管理	380 元
12 生產設備管理	380 元	57 品質管制手法〈增訂二版〉	380 元
13 品管員操作手冊	380 元	58 如何改善生產績效〈增訂二版〉	380 元
15 工廠設備維護手冊	380 元	60 工廠管理標準作業流程	380 元
16 品管圈活動指南	380 元	62 採購管理工作細則	380 元
17 品管圈推動實務	380 元	63 生產主管操作手冊（增訂四版）	380 元
20 如何推動提案制度	380 元	64 生產現場管理實戰案例〈增訂二版〉	380 元
24 六西格瑪管理手冊	380 元	65 如何推動 5S 管理（增訂四版）	380 元
30 生產績效診斷與評估	380 元	67 生產訂單管理步驟〈增訂二版〉	380 元
32 如何藉助 IE 提升業績	380 元	68 打造一流的生產作業廠區	380 元
35 目視管理案例大全	380 元	70 如何控制不良品〈增訂二版〉	380 元
38 目視管理操作技巧（增訂二版）	380 元	71 全面消除生產浪費	380 元
40 商品管理流程控制（增訂二版）	380 元	72 現場工程改善應用手冊	380 元
42 物料管理控制實務	380 元	73 部門績效考核的量化管理（增訂四版）	380 元
46 降低生產成本	380 元	74 採購管理實務〈增訂四版〉	380 元
47 物流配送績效管理	380 元	75 生產計劃的規劃與執行	380 元
49 6S 管理必備手冊	380 元	76 如何管理倉庫（增訂六版）	380 元

上述各書均有在書店陳列販賣，若書店賣完而來不及由庫存書補充上架，請讀者

直接向店員詢問、購買，最快速、方便！購買方法如下：

銀行名稱：合作金庫銀行 敦南分行(代碼：006)

帳號：5034-717-347-447

公司名稱：憲業企管顧問有限公司

郵局劃撥帳號：18410591

使用培訓、提升企業競爭力是萬無一失、事半功倍的方法。其效果更具有超大的「投資報酬力」！

好消息

最 暢 銷 的 培 訓 叢 書

名稱	特價	名稱	特價
4 領導人才培訓遊戲	360 元	17 針對部門主管的培訓遊戲	360 元
8 提升領導力培訓遊戲	360 元	18 培訓師手冊	360 元
11 培訓師的現場培訓技巧	360 元	19 企業培訓遊戲大全（增訂二版）	360 元
12 培訓師的演講技巧	360 元	20 銷售部門培訓遊戲	360 元
14 解決問題能力的培訓技巧	360 元	21 培訓部門經理操作手冊（增訂二版）	360 元
15 戶外培訓活動實施技巧	360 元	22 企業培訓活動的破冰遊戲	360 元
16 提升團隊精神的培訓遊戲	360 元	23 培訓部門流程規範化管理	360 元

上述各書均有在書店陳列販賣，若書店賣完而來不及由庫存書補充上架，請讀者直接向店員詢問、購買，最快速、方便！購買方法如下：

銀行名稱：合作金庫銀行 敦南分行(代碼：006)

帳號：5034-717-347-447

公司名稱：憲業企管顧問有限公司

郵局劃撥帳號：18410591

建立企業圖書

當市場競爭激烈時：

培訓員工，強化員工競爭力
是企業最佳對策

　　「人才」是企業最大的財富。如何提升人才，是企業永續經營、戰勝對手的核心競爭力。積極培訓公司內部員工，是經濟不景氣時期的最佳戰略，而最快速的具體作法，就是「**建立企業內部圖書館，鼓勵員工多閱讀、多進修專業書籍**」

　　　建議您：請一次購足本公司所出版各種經營管理類圖書，作為貴公司內部員工培訓圖書。使用率高的（例如「贏在細節管理」），準備 3 本；使用率低的（例如「工廠設備維護手冊」），只買 1 本。

經營顧問叢書 ⑵⑧⑨　　　　　　　售價：360 元

企業識別系統 CIS（增訂二版）

西元二〇一二年七月　　　　　　　　　增訂二版一刷

編輯指導：黃憲仁

編著：洪華偉

策劃：麥可國際出版有限公司（新加坡）

編輯：蕭玲

校對：劉飛娟

發行所：憲業企管顧問有限公司

電話：(02) 2762-2241　　(03) 9310960　　0930872873

臺北聯絡處：臺北郵政信箱第 36 之 1100 號

銀行 ATM 轉帳：合作金庫銀行　　帳號：5034-717-347447

郵政劃撥：18410591　　憲業企管顧問有限公司

江祖平律師顧問：紙品書、數位書著作權與版權均歸本公司所有

登記證：行政業新聞局版台業字第 6380 號

本公司徵求海外版權出版代理商（0930872873）

本圖書是由憲業企管顧問（集團）公司所出版，以專業立場，為企業界提供最專業的各種經營管理類圖書。

圖書編號 ISBN：978-986-6084-51-5